Python 机器学习

[新加坡] 李伟梦(Wei-Meng Lee)　著

李周芳　译

清华大学出版社

北　京

北京市版权局著作权合同登记号 图字：01-2019-4942

Wei-Meng Lee
Python Machine Learning
EISBN：978-1-119-54563-7

图书在版编目(CIP)数据

Python 机器学习 / (新加坡)李伟梦 著；李周芳 译. —北京：清华大学出版社，2020.5
书名原文：Python Machine Learning
ISBN 978-7-302-55197-3

Ⅰ.①P… Ⅱ.①李… ②李… Ⅲ.①软件工具—程序设计 Ⅳ.①TP311.561

中国版本图书馆 CIP 数据核字(2020)第 050468 号

责任编辑：王　军　韩宏志
装帧设计：孔祥峰
责任校对：牛艳敏
责任印制：刘海龙

出版发行：清华大学出版社
　　　　　网　　　址：http://www.tup.com.cn，http://www.wqbook.com
　　　　　地　　　址：北京清华大学学研大厦 A 座　　　　　邮　　编：100084
　　　　　社 总 机：010-62770175　　　　　　　　　　　　邮　　购：010-62786544
　　　　　投稿与读者服务：010-62776969，c-service@tup.tsinghua.edu.cn
　　　　　质 量 反 馈：010-62772015，zhiliang@tup.tsinghua.edu.cn
印 装 者：三河市吉祥印务有限公司
经　　销：全国新华书店
开　　本：170mm×240mm　　　印　　张：18.75　　　字　　数：368 千字
版　　次：2020 年 6 月第 1 版　　　印　　次：2020 年 6 月第 1 次印刷
定　　价：68.00 元

产品编号：084810-01

  机器学习(Machine Learning，ML)是一门多领域交叉学科，涉及概率论、统计学、逼近论、凸分析、算法复杂度理论等多门学科。专门研究计算机怎样模拟或实现人类的学习行为，以获取新的知识或技能，重新组织已有的知识结构，使之不断改善自身的性能。机器学习是继专家系统之后人工智能应用的又一重要研究领域，也是人工智能和神经计算的核心研究课题之一。对机器学习的讨论和机器学习研究的进展，必将促使人工智能和整个科学技术进一步发展。

  机器学习是人工智能的核心，是使计算机具有智能的根本途径，其应用遍及人工智能的各个领域，例如，数据挖掘、计算机视觉、自然语言处理、生物特征识别、搜索引擎、医学诊断、检测信用卡欺诈、证券市场分析、DNA 序列测序、语音和手写识别、战略游戏和机器人运用。

  按学习形式分类，机器学习可以分为监督学习和非监督学习。监督学习主要应用于分类和预测，是从给定的训练数据集中分析出一个函数，当新的数据到来时，可以根据这个函数预测结果。而非监督学习又称归纳性学习，利用 K 方式、建立中心，通过循环和递减运算来减小误差，达到分类的目的。

  市场上的大多数书要么太肤浅，要么过于深奥让初学者望而生畏。本书摒弃那种展现机器学习中核心算法和理论的方式，只简单介绍 Python 中一些使机器学习成为可能的基本库，例如如何使用 NumPy 库操作数字数组，如何使用 Pandas 库处理表格数据，如何使用 matplotlib 库可视化数据。

  然后讨论进行机器学习的准备工作，例如获取样例数据集、生成自己的数据集、执行数据清理以及从数据集中删除异常值等。接着通过示例展示常用的机器学习算法，如分类、回归、聚类；主要讲解了线性回归、逻辑回归、SVM(包括线性内核和 RBF 内核)、kNN 等算法。

本书还包含一章，主要介绍如何使用 Microsoft Azure Machine Learning Studio，通过拖放操作来构建机器学习模型，而不需要编写代码。最后讨论如何部署所构建的模型，以使运行在移动和桌面设备上的客户机应用程序可以使用这些模型。

本书的主要意图是让尽可能多的开发人员能够阅读本书。本书不要求读者具有深厚的知识背景，而是在必要时介绍其他一些学科的基本概念，但读者应该具备一些 Python 编程的基本知识，以及一些基本的统计知识。

本书可作为计算机科学与工程、统计学和社会科学等专业的大学生或研究生的教材，也可作为软件研究人员或从业人员的参考资料。

在这里要感谢清华大学出版社的编辑，他们为本书的翻译投入了巨大的热情并付出了很多心血。没有他们的帮助和鼓励，本书不可能顺利付梓。

对于这本经典之作，译者本着"诚惶诚恐"的态度，在翻译过程中力求"信、达、雅"，但是鉴于译者水平有限，错误和失误在所难免，如有任何意见和建议，请不吝指正。

译　者

作者简介

Wei-Meng Lee 是一名技术专家，也是 Developer Learning Solutions 公司 (http://www.learn2development.net)的创始人，该公司专门从事最新技术的实践培训。

Wei-Meng 具有多年的培训经验，他的培训课程特别强调"边做边学"。他动手学习编程的方法使理解这个主题比仅阅读书籍、教程和文档容易得多。

Wei-Meng 这个名字经常出现在网上和印刷出版物，如 DevX.com、MobiForge.com 和 *CoDe* 杂志。

技术编辑简介

Doug Mahugh 是一名软件开发人员，他于 1978 年作为波音公司的 Fortran 程序员开始了他的职业生涯。Doug 自 2005 年以来一直在微软工作，承担各种工作，包括开发人员宣传、标准制订和内容开发。自 2008 年学习 Python 以来，Doug 编写了一些示例和教程，主题涉及缓存、持续集成乃至 Azure Active Directory 身份验证和 Microsoft Graph。Doug 曾在 20 多个国家的行业活动上发言，他是微软在 ISO/IEC、Ecma International、OASIS、CalConnect 等标准组织的技术代表。

Doug 目前和他的妻子 Megan 一起居住在西雅图。他还养了两只萨摩耶犬杰米和爱丽丝。

致 谢

撰写书籍总是令人兴奋的，但随之而来的是长时间的艰苦工作，以求把事情做得准确无误。为使本书面世，许多无名英雄不知疲倦地在幕后工作。为此，我想借此机会感谢一些特殊的人，是他们使本书成功面世。

首先，我要感谢组稿编辑 Devon Lewis，他是我撰写本书的第一个联系人。谢谢 Devon 给我这个机会，谢谢你对我的信任!

接下来，非常感谢我的项目编辑 Gary Schwartz，他一直是我的合作伙伴。Gary总是与他人保持着联系，即使他在机场! Gary 对我很有耐心，尽管我好几次错过了撰写本书的最后期限。我知道这对他的计划是个障碍，但他总是乐于助人。和他一起工作，我知道我的书得到了很好的处理。非常感谢你，Gary!

同样重要的是技术编辑 Doug Mahugh。Doug 一直非常敏锐地编辑和测试我的代码，如果事情没有按照预期进行，他总是让我知道。谢谢你发现我的错误，让本书变得更好，Doug! 我也想借此机会感谢制作编辑 Barath Kumar Rajasekaran。如果没有他的努力，本书就不可能出版。谢谢你，Barath!

最后，但并非最不重要的，要感谢我的父母和妻子 Sze Wa，他们给了我所有的支持。当我在撰写本书的时候，他们无私地调整了时间表来适应我繁忙的日程。我爱你们所有人!

前　言

本书介绍了机器学习，这是近年来最热门的话题之一。目前设备的计算能力呈指数级数增长，同时价格在不断下降，这是了解机器学习的最佳时机。机器学习任务通常需要非常强大的处理能力，但现在可以在台式机上完成。然而，机器学习并不适合胆小的人——你需要具备良好的数学、统计学基础和编程知识。市场上的大多数书要么太肤浅，要么过于深奥让初学者望而生畏。

本书将对这个问题采取温和的态度。首先，本书介绍 Python 中使用的一些使机器学习成为可能的基本库。特别是，学习如何使用 NumPy 库操作数字数组，如何使用 Pandas 库处理表格数据。完成这些之后，学习如何使用 matplotlib 库可视化数据，它允许绘制不同类型的图表和图形，以便轻松地可视化数据。

一旦牢固地掌握了基础知识，就可以开始使用 Python 和 Scikit-learn 库进行机器学习。这样可以深入了解各种机器学习算法幕后的工作原理。

本书将介绍常用的机器学习算法，如回归、聚类和分类。

本书还包含一章，介绍如何使用 Microsoft Azure Machine Learning Studio 进行机器学习，该工具允许开发人员开始使用拖放操作来构建机器学习模型，而不需要编写代码。最重要的是，不需要深入掌握机器学习知识。

最后讨论如何部署所构建的模型，以便运行在移动和桌面设备上的客户机应用程序可以使用这些模型。

本书的主要意图是让尽可能多的开发人员能够阅读本书。要从本书中得到最大的收获，应该具备一些 Python 编程的基本知识，以及一些基本的统计知识。就像永远不可能仅通过阅读一本书就学会游泳一样，强烈建议在阅读章节时尝试一下示例代码。继续修改代码，看看输出是如何变化的，你常会对自己能做的工作感到惊讶。

　　本书中的所有样例代码都可用于 Jupyter Notebook。要下载样例代码，可访问本书的支持页面 http://www.tupwk.com.cn/downpage，然后输入本书 ISBN 或中文名。另外，也可扫本书封底二维码下载。下载后，可马上试用。

　　不要拖延了，欢迎阅读本书!

目　录

第1章

机器学习简介

你正在阅读本书，这清楚地表明你关注机器学习这个非常有趣、令人兴奋的话题。

本书涵盖了近年来最热门的编程主题之一——机器学习。机器学习(Machine Learning，ML)是一组算法和技术的集合，用于设计从数据中学习的系统。然后，这些系统能根据所提供的数据进行预测或推断模式。

目前设备的计算能力呈指数级数增长，同时价格在不断下降，这是了解机器学习的最佳时机。机器学习任务通常需要非常强大的处理能力，但现在可在台式机上完成。然而，机器学习并不适合胆小的人——你需要具备良好的数学、统计学基础和编程知识。市面上大多数关于机器学习的书籍都过于强调细节，这常让初学者望而生畏。大多数关于机器学习的讨论都是围绕着统计理论和算法展开的，所以除非是数学家或博士研究生，否则你可能发现它们很难理解。对于大多数人，特别是开发人员，他们想要的是对机器学习的工作原理有一个基本的了解，最重要的是，明白如何在应用程序中应用机器学习。这就是撰写本书的动机。

本书采用温和的方法来介绍机器学习，努力做到以下几点：

- 涵盖为机器学习奠定基础的 Python 库，即 NumPy、Pandas 和 matplotlib。
- 讨论使用 Python 和 Scikit-learn 库进行机器学习。如果可能的话，本书将使用 Python 手工实现相关的机器学习算法，以便了解各种机器学习算法如何在后台工作。之后展示如何使用 Scikit-learn 库，它很容易将机器学习集成到自己的应用程序中。
- 涵盖了常见的机器学习算法——回归、聚类和分类。

提示：

本书不打算深入讨论机器学习算法。虽然有一些章节讨论了算法背后的一些数学概念，但其意图是使这个主题易于理解，并希望能激励读者进一步学习。

机器学习确实是一个非常复杂的话题。但是，本书不讨论它背后复杂的数学理论，而是使用易于理解的示例来介绍它，并给出大量代码示例。本书中的代码很多，鼓励读者试用各个章节中的大量示例，这些章节相互独立、结构紧凑、易于遵循和理解。

1.1　什么是机器学习？

只要编写过程序，就会熟悉图 1.1 中所示的关系图。编写一个程序，输入一些数据，就会得到输出。例如，编写一个程序来执行公司的一些会计任务。这种情况下，收集的数据将包括销售记录、库存清单等。然后，该程序将接收数据，并根据销售记录计算利润或亏损。也可制作一些漂亮的图表来展示销售业绩。这种情况下，输出是损益表以及其他图表。

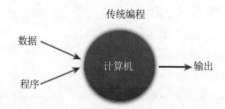

图 1.1　在传统编程中，数据和程序产生输出

多年来，传统的桌面和 Web 编程一直占据着主导地位，许多算法和方法都在不断发展，以提高程序的运行效率。然而，近年来，机器学习已经接管了编程界。机器学习将图 1.1 中的范例转换为一个新范例，如图 1.2 所示。现在不是将数据提供给程序，而是使用收集到的数据和输出来派生程序(也称为模型)。使用前面的会计示例，在机器学习范例中，将获取详细的销售记录(是数据和输出的统称)，并使用它们派生出一组规则来进行预测。可用这个模型来预测明年最受欢迎的商品，或者哪些商品不那么受欢迎。

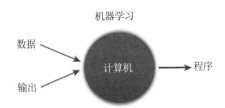

图 1.2　在机器学习中，数据和输出产生程序

提示：

机器学习就是在数据中寻找模式。

1.1.1　在本书中机器学习将解决什么问题？

那么，机器学习到底是什么？机器学习(ML)是算法和技术的集合，用于设计从数据中学习的系统。了解 ML 算法需要有很强的数学和统计基础，但不大需要区域知识。ML 由以下学科组成：

- 科学计算
- 数学
- 统计

机器学习一个很好的应用是试图确定某个特定的信用卡交易是否存在欺诈。给定过去的事务记录，数据科学家的工作是根据区域知识清理和转换数据，以便应用正确的 ML 算法来解决问题(在本例中，确定事务是否存在欺诈)。数据科学家需要知道哪种机器学习方法最有助于完成这项任务，以及如何应用它。数据科学家不一定需要知道这种方法是如何工作的，但知道这一点总是有助于建立更精确的学习模型。

本书想用机器学习来解决三种主要类型的问题。这些问题类型如下。

(1) 分类：这是 A 还是 B？

(2) 回归：多少？

(3) 聚类：这是如何组织的？

1. 分类

在机器学习中，分类是根据所观察到的类别中包含的训练数据集，确定一个新观察到的数据集属于哪一组类别。以下是一些分类问题的例子：

- 预测 2020 年美国总统大选的获胜者
- 预测肿瘤是否癌变
- 区分不同类型的花

具有两个类的分类问题称为两个类的分类问题。具有两个以上类的问题称为多类的分类问题。

　　分类问题的结果是一个离散值，表示预测观察值所在的类。分类问题的结果也可以是一个连续值，表示观察值属于特定类的可能性。例如，预测候选人 A 赢得选举的概率为 0.65(或 65%)。这里，0.65 是表示预测置信度的连续值，通过选择概率最高的预测，可将其转换为一个类值(本例中为"赢得选举")。

　　第 7~9 章将详细讨论分类。

2. 回归

　　回归通过估计变量之间的关系来帮助预测未来。与分类不同，回归返回一个连续的输出变量。下面是一些回归问题的例子：
- 预测某一特定产品下季度的销售数字
- 预测下周的气温
- 预测特定型号轮胎的使用寿命

第 6 章将详细讨论回归。

3. 聚类

　　聚类有助于将相似的数据点分组成直观的组。给定一组数据，通过将它们分组为自然块，聚类有助于发现它们是如何组织的。

　　聚类问题的例子如下：
- 哪些观众喜欢同一类型的电影
- 哪些型号的硬盘驱动器会以同样的方式失败

为在数据中发现特定模式，聚类非常有用。第 10 章将详细讨论聚类。

1.1.2　机器学习算法的类型

　　机器学习算法分为两大类：
- 监督学习算法使用标注的数据进行训练。换句话说，这种数据包含带有期望答案的示例。例如，识别欺诈性信用卡使用情形的模型，会利用数据点标有已知欺诈性和有效收费的数据集进行训练。大多数机器学习都是有监督的。
- 无监督学习算法适用于没有标签的数据，其目标是发现数据中的关系。例如，可能希望找到具有类似购买习惯的客户统计数据组。

1. 有监督的学习

在有监督的学习中，使用有标记的数据集。有标记的数据集意味着一组数据已被标记。这个标记为数据提供了信息意义。使用标记，可以预测未标记的数据，来获得一个新标记。例如，数据集可能由一系列包含以下字段的记录组成，这些字段记录了不同房屋的面积和售价：

房子面积，售价

在这个非常简单的例子中，"售价"就是标记。当绘制在图表上时(见图 1.3)，这个数据集可以帮助预测尚未售出的房子的价格。预测房价是一个回归问题。

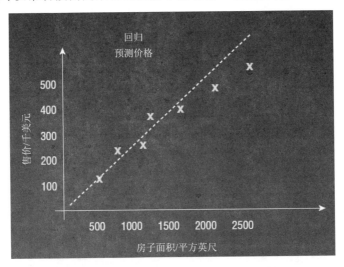

图 1.3 运用回归方法预测房屋的预期售价

在另一个例子中，假设有一个包含以下内容的数据集：

肿瘤大小，年龄，恶性

"恶性"字段是一个标记，表明肿瘤是否癌变。在图表中绘制数据集时(见图 1.4)，就能将数据集分为两组，一组包含癌性肿瘤，另一组包含良性肿瘤。使用这个分组，现在可预测新的肿瘤是否癌变。这类问题称为分类问题。

提示：
第 6～9 章将详细讨论有监督学习算法。

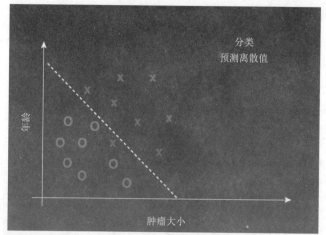

图 1.4　使用分类方法将数据分为不同的类

2. 无监督学习

在无监督学习中，使用的数据集没有标记。查看未标记数据的一个简单方法是考虑包含一组人的腰围和腿长的数据集：

腰围，腿长

使用无监督学习，需要尝试预测数据集中的模式。可在图表中绘制数据集，如图 1.5 所示。

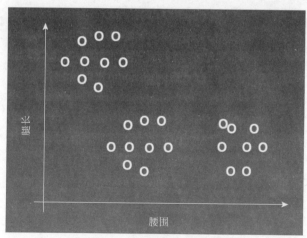

图 1.5　绘制未标记的数据

然后，可使用一些聚类算法来查找数据集中的模式。最终结果可能是在数据中发现三个不同的聚类组，如图 1.6 所示。

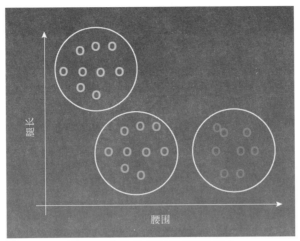

图 1.6　将这些点聚在不同的组中

提示：

第 10 章将详细讨论无监督学习算法。

1.2　可得到的工具

对于本书，所有示例都使用 Python 3 和 Scikit-learn 库进行测试，Scikit-learn 库是一个 Python 库，它实现了各种类型的机器学习算法，如分类、回归、聚类、决策树等。除了 Scikit-learn 外，还将使用一些互补的 Python 库——NumPy、Pandas 和 matplotlib。

虽然可在计算机上独立安装 Python 解释器和其他库，但安装所有这些库的无故障方法是安装 Anaconda 包。Anaconda 是一个免费的 Python 发行版，提供了创建数据科学和机器学习项目需要的所有必要库。

Anaconda 包括以下内容：

- 核心 Python 语言
- 各种 Python 包(库)
- conda(Anaconda 自己的包管理器)，用于更新 Anaconda 和包
- Jupyter Notebook(以前称为 iPython Notebook)，一个用于 Python 项目的基于 Web 的编辑器

使用 Anaconda，可灵活地安装不同的语言(R、JavaScript、Julia 等)在 Jupyter Notebook 中工作。

1.2.1 获取 Anaconda

要下载 Anaconda，请访问 https://www.anaconda.com/download/。可为这些操作系统下载 Anaconda(见图 1.7)：

- Windows
- macOS
- Linux

为正在使用的平台下载 Python 3。

图 1.7　为 Python 3 下载 Anaconda

注意：
撰写本文时，Python 的版本是 3.7。

提示：
本书将使用 Python 3。因此，请务必下载包含 Python 3 的 Anaconda 的正确版本。

1.2.2 安装 Anaconda

安装 Anaconda 基本上是一个非事件过程。双击已下载的文件，并按照屏幕上显示的说明操作。特别是，Windows 版的 Anaconda 可以只安装给本地用户。此选项不需要管理员权限，因此对于在公司计算机上安装 Anaconda 的用户非常有用，这些计算机通常具有有限的用户权限。

一旦安装了 Anaconda，就希望启动 Jupyter Notebook。Jupyter Notebook 是一个开源 Web 应用程序，它允许创建和共享包含文档、代码等内容的文件。

1. 运行用于 macOS 的 Jupyter Notebook

要从 macOS 上启动 Jupyter，请启动终端并输入以下命令：

```
$ jupyter notebook
```

结果如下：

```
$ jupyter notebook
[I 18:57:03.642 NotebookApp] JupyterLab extension loaded from
/Users/weimenglee/anaconda3/lib/python3.7/site-packages/jupyterlab
[I 18:57:03.643 NotebookApp] JupyterLab application directory is
/Users/weimenglee/anaconda3/share/jupyter/lab
[I 18:57:03.648 NotebookApp] Serving notebooks from local directory:
/Users/weimenglee/Python Machine Learning
[I 18:57:03.648 NotebookApp] The Jupyter Notebook is running at:
[I 18:57:03.648 NotebookApp]
http://localhost:8888/?token=3700cfe13b65982612c0e1975ce3a681073
99b07f89b85fa
[I 18:57:03.648 NotebookApp] Use Control-C to stop this server and shut
down all kernels (twice to skip confirmation).
[C 18:57:03.649 NotebookApp]

    Copy/paste this URL into your browser when you connect for the first
time,
    to login with a token:
      http://localhost:8888/?token=3700cfe13b65982612c0e1975ce3a681073
99b07f89b85fa
[I 18:57:04.133 NotebookApp] Accepting one-time-token-authenticated
connection from ::1
```

实质上，Jupyter Notebook 会启动一个 Web 服务器，监听端口 8888。一段时间后，将启动 Web 浏览器(见图 1.8)。

提示：

Jupyter Notebook 的主页显示了该目录的内容。因此，在启动 Jupyter Notebook 之前，最好先切换到包含源代码的目录。

图 1.8　Jupyter Notebook 主页

2. 运行 Windows 版的 Jupyter Notebook

在 Windows 中启动 Jupyter Notebook 的最好方法是从 Anaconda 提示符启动它。Anaconda 提示符自动运行批处理文件 C:\Anaconda3\Scripts\activity.bat，参数如下：

```
C:\Anaconda3\Scripts\activate.bat C:\Anaconda3
```

提示：

注意，Anaconda3 文件夹的确切位置可能有所不同。例如，Windows 10 将 Anaconda 默认安装在 C:\Users\<username>\AppData\Local\Continuum\anaconda3，而不是 C:\anaconda3。

这为访问 Anaconda 及其库设置了必要的路径。要启动 Anaconda 提示符，请在 Windows Run 文本框中输入 Anaconda Prompt。要从 Anaconda 提示符下启动 Jupyter Notebook，请输入以下命令：

```
(base) C:\Users\Wei-Meng Lee\Python Machine Learning>jupyter notebook
```

结果如下：

```
[I 21:30:48.048 NotebookApp] JupyterLab beta preview extension
loaded from C:\Anaconda3\lib\site-packages\jupyterlab
[I 21:30:48.048 NotebookApp] JupyterLab application directory is
C:\Anaconda3\share\jupyter\lab
[I 21:30:49.315 NotebookApp] Serving notebooks from local directory:
```

```
C:\Users\Wei-Meng Lee\Python Machine Learning
[I 21:30:49.315 NotebookApp] 0 active kernels
[I 21:30:49.322 NotebookApp] The Jupyter Notebook is running at:
[I 21:30:49.323 NotebookApp]
http://localhost:8888/?token=482bfe023bd77731dc132b5340f335b9e45
0ce5e1c4
d7b2f
[I 21:30:49.324 NotebookApp] Use Control-C to stop this server and
shut
down all kernels (twice to skip confirmation).
[C 21:30:49.336 NotebookApp]

    Copy/paste this URL into your browser when you connect for the
first time,
    to login with a token:
        http://localhost:8888/?token=482bfe023bd77731dc132b5340f3
35b9e45
0ce5e1c4d7b2f
[I 21:30:49.470 NotebookApp] Accepting one-time-token-authenticated
connection from ::1
```

实际上，Jupyter Notebook 启动一个 Web 服务器，监听端口 8888。然后启动 Web 浏览器，显示图 1.9 中的页面。

图 1.9　Jupyter Notebook 显示主页

3. 创建新的笔记本

要创建一个新的笔记本，找到屏幕右侧的 New 按钮并单击它。在下拉框中应该能够看到 Python 3(见图 1.10)。单击此选项。

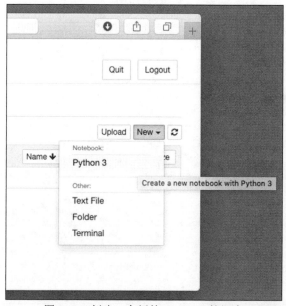

图 1.10 创建一个新的 Python 3 笔记本

现在会出现新笔记本(见图 1.11)。

图 1.11 用 Jupyter Notebook 创建的 Python 3 笔记本

4. 给笔记本命名

默认情况下，笔记本命名为 Untitled。要给它一个合适的名称，单击 Untitled 并输入一个新名称。笔记本将保存在启动 Jupyter Notebook 的目录中。该笔记本用所提供的文件名以及.ipynb 扩展名来保存。

提示：

Jupyter Notebook 以前称为 iPython Notebook；因此扩展名是.ipynb。

5. 添加和删除单元格

笔记本包含一个或多个单元格。可在每个单元格中输入 Python 语句。使用 Jupyter Notebook，可将代码分成多个片段，并将它们放入单元格中，以便能够单独运行。

要向笔记本中添加更多单元格，请单击该按钮。还可以使用 Insert 菜单项并选择 Insert Cell Above 选项，在当前单元格之上添加新单元格，或者选择 Insert Cell Below 选项，在当前单元格之下添加新单元格。

图 1.12 显示了包含两个单元格的笔记本。

图 1.12　带两个单元格的笔记本

6. 运行一个单元格

Jupyter Notebook 中的每个单元都可独立运行。要执行(运行)单元格中的代码，请按 Ctrl+Enter 键，或单击鼠标悬停在单元格左侧时显示的箭头图标(见图 1.13)。

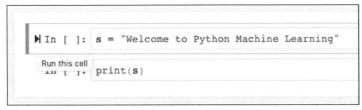

图 1.13　执行单元格中的代码

13

当单元格运行时，它们执行的顺序显示为一个运行编号。图 1.14 显示了按如下顺序执行的两个单元格。第一个单元格中的编号 1 表示首先执行该单元格，其次执行编号为 2 的第二个单元格。单元格的输出显示在单元格之后。如果回到第一个单元格并运行它，这个编号将变为 3。

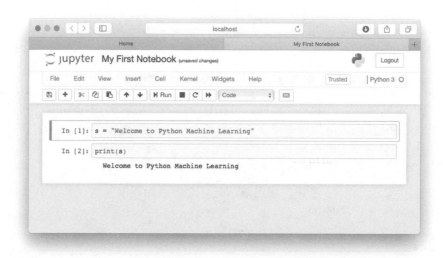

图 1.14　单元格旁边显示的数字指示了它的运行顺序

可以看到，以前在另一个单元格中执行的代码在执行当前单元格时在内存中保留了其值。但在执行不同顺序的单元格时需要小心。考虑图 1.15 中的示例。这里有三个单元格。在第一个单元格中，初始化字符串的值；在第二个单元格中打印其值；在第三个单元格中，将 s 的值改为另一个字符串。

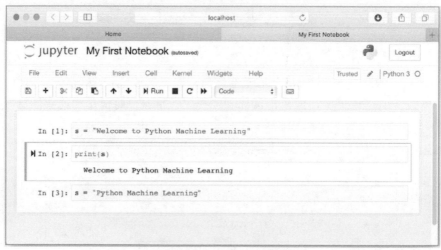

图 1.15　带有三个单元格的笔记本

通常，在测试代码的过程中，可能会在一个单元格中进行修改，然后回到前面的单元格重新测试代码，这是十分常见的。在本例中，假设返回并重新运行第二个单元格，现在将输出新值(见图 1.16)。你可能预期会看到字符串 Welcome to Python Machine Learning，但由于第二个单元格是在第三个单元格之后重新运行的，因此值为字符串 Python Machine Learning。

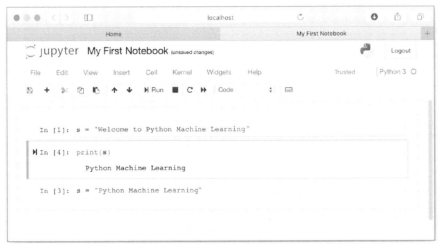

图 1.16　以非线性顺序执行单元格

为从第一个单元格中重启执行，需要重启内核，或选择 Cell | Run All。

7. 重启内核

因为可在笔记本上以任何顺序运行任何单元，一段时间后，事情可能变得有点混乱。此时可能希望重启执行，并重新开始。这就需要重启内核(见图 1.17)。

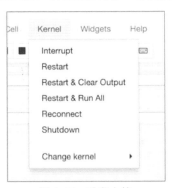

图 1.17　重启内核

提示：

当代码进入无限循环时，就需要重启内核。重启内核有两种常见的场景。

Restart & Clear Output：重启内核并清除所有输出。现在可按喜欢的任何顺序运行任何单元格。

Restart & Run All：重启内核并从第一个单元格运行到最后一个单元格。如果对代码感到满意，并希望对其进行完整的测试，就可以使用这个选项。

8. 导出笔记本

在 Jupyter Notebook 中完成测试后，现在可将笔记本中的代码导出到 Python 文件中。为此，选择 File | Download as | python(.py)，见图 1.18。

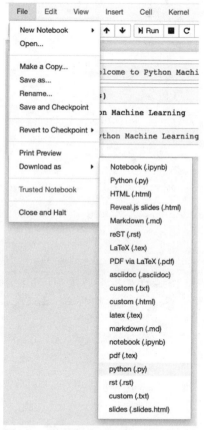

图 1.18　将笔记本导出到 Python 文件

在计算机中会下载与笔记本同名的文件，但现在扩展名为.py。

提示：

确保选择了 python(.py)选项，而不是 Python(.py)选项。后一个选项保存的文件带有.html 扩展名。

9. 获得帮助

很容易在 Jupyter Notebook 上得到帮助。要获得 Python 中函数的帮助，请将光标放在函数名上并按 Shift+Tab 键。这将显示一个名为"工具提示"的弹出窗口(见图 1.19)。

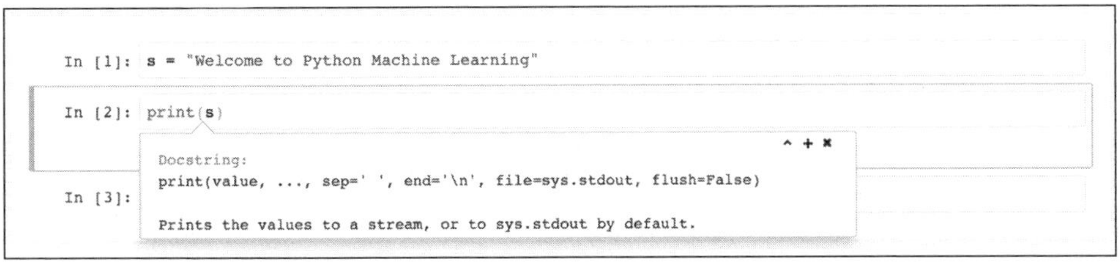

图 1.19　工具提示显示帮助信息

要展开工具提示(见图 1.20)，请单击工具提示右上角的按钮。还可在按下 Shift+Tab+Tab 键时获得工具提示的扩展版本。

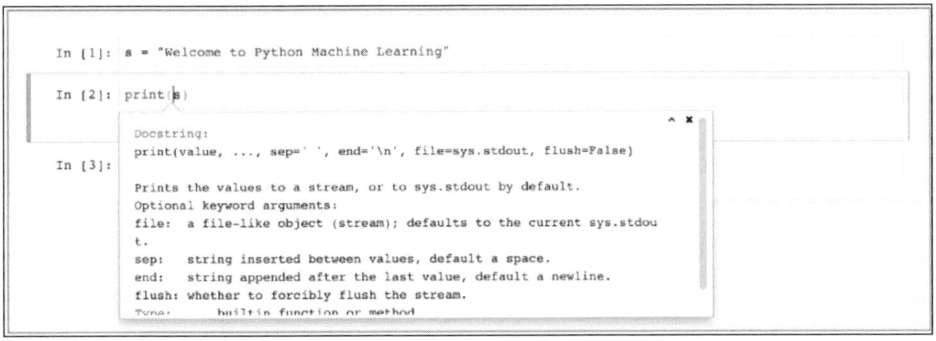

图 1.20　展开工具提示，以显示更多细节

1.3　本章小结

本章介绍了机器学习以及它可解决的问题类型。还了解了监督学习和非监督学习的主要区别。对于 Python 编程新手，强烈建议安装 Anaconda，它将提供完成本书示例需要的所有库和包。我知道读者渴望开始学习，所以让我们进入第 2 章!

使用 NumPy 扩展 Python

2.1 NumPy 是什么?

在 Python 中，通常使用 list 数据类型存储项集合。Python 列表类似于 Java、C#和 JavaScript 等语言中的数组概念。下面的代码片段显示了一个 Python 列表：

```
list1 = [1、2、3、4、5)
```

与数组不同，Python 列表不需要包含相同类型的元素。下例是一个完全合法的 Python 列表：

```
list2 = [1,"Hello",3.14,True,5]
```

虽然 Python 中的这个独特特性在处理列表中的多种类型时提供了灵活性，但在处理大量数据时也有其缺点(这在机器学习和数据科学项目中很典型)。Python 中 list 数据类型的关键问题在于它的效率。为了允许列表具有非统一类型的项，列表中的每个项都存储在一个内存位置中，列表中包含指向这些位置的指针 "数组"。Python 列表需要以下内容。

- 每个指针至少 4 个字节。
- 最小的 Python 对象至少 16 个字节：指针 4 个字节，引用计数 4 个字节，值 4 个字节，其他 4 个字节。

由于 Python 列表的实现方式，访问大列表中的项在计算上非常昂贵。为了消除 Python 的列表特性的这个限制，Python 程序员求助于 NumPy。NumPy 是 Python

编程语言的扩展，它增加了对大型多维数组和矩阵的支持，以及对这些数组进行操作的大型高级数学函数库的支持。

在 NumPy 中，数组的类型为 ndarray(n 维数组)，所有元素必须具有相同的类型。ndarray 对象表示由固定大小的项组成的多维同构数组，它比 Python 的列表高效得多。ndarray 对象还提供了一次操作整个数组的函数。

2.2　创建 NumPy 数组

在使用 NumPy 之前，首先需要导入 NumPy 包(如果愿意，可以使用它的传统别名 np)：

```
import numpy as np
```

创建 NumPy 数组的第一种方法是使用直接构建到 NumPy 中的函数。首先，可以使用 arange()函数创建一个具有给定间隔的均匀间隔数组：

```
a1 = np.arange(10)        # creates a range from 0 to 9
print(a1)                 # [0 1 2 3 4 5 6 7 8 9]
print(a1.shape)           # (10,)
```

以上语句创建了一个包含 10 个元素的秩 1 数组(一维数组)。要获得数组的形状，可使用 shape 属性。考虑将 a1 作为 10×1 矩阵。

还可在 arange()函数中指定一个步长。下面的代码片段插入值为 2 的 step：

```
a2 = np.arange(0,10,2)    # creates a range from 0 to 9, step 2
print(a2)                 # [0 2 4 6 8]
```

要创建一个特定大小、全部填充 0 的数组，请使用 zeros()函数：

```
a3 = np.zeros(5)          # create an array with all 0s
print(a3)                 # [ 0.  0.  0.  0.  0.]
print(a3.shape)           # (5,)
```

也可使用 zeros()函数创建二维数组：

```
a4 = np.zeros((2,3))      # array of rank 2 with all 0s; 2 rows and 3
                          # columns
print(a4.shape) # (2,3)
print(a4)
'''
[[ 0.  0.  0.]
 [ 0.  0.  0.]]
'''
```

如果想要一个数组填充特定数字而不是 0，可使用 full()函数：

```
a5 = np.full((2,3), 8) # array of rank 2 with all 8s print(a5)
'''
[[8 8 8]
 [8 8 8]]
'''
```

有时，需要创建一个映射单位矩阵的数组。在 NumPy 中，可以使用 eye()
函数：

```
a6 = np.eye(4) # 4x4 identity matrix
print(a6)
'''
[[ 1. 0. 0. 0.]
 [ 0. 1. 0. 0.]
 [ 0. 0. 1. 0.]
 [ 0. 0. 0. 1.]]
'''
```

eye()函数返回一个二维数组，其对角线上的元素是 1，其他元素是 0。

若要创建一个包含随机数的数组，可使用 numpy.random 模块中的 random()
函数：

```
a7 = np.random.random((2,4))  # rank 2 array (2 rows 4 columns) with
                              # random values
                              # in the half-open interval [0.0, 1.0)
print(a7)
'''
[[ 0.48255806 0.23928884 0.99861279 0.4624779 ]
 [ 0.18721584 0.71287041 0.84619432 0.65990083]]
'''
```

创建 NumPy 数组的另一种方法是从 Python 列表中创建，如下所示：

```
list1 = [1,2,3,4,5]    # list1 is a list in Python
r1 = np.array(list1)   # rank 1 array
print(r1)              # [1 2 3 4 5]
```

本例中创建的数组是一个秩为 1 的数组。

2.3 数组索引

访问数组中的元素类似于访问 Python 列表中的元素：

```
print(r1[0])        # 1
print(r1[1])        # 2
```

以下代码片段创建了另一个名为 r2 的数组，它是二维的：

```
list2 = [6,7,8,9,0]
r2 = np.array([list1,list2])        # rank 2 array
print(r2)
'''
[[1 2 3 4 5]
 [6 7 8 9 0]]
'''
print(r2.shape)       # (2,5) - 2 rows and 5 columns
print(r2[0,0])        # 1
print(r2[0,1])        # 2
print(r2[1,0])        # 6
```

r2 是一个秩为 2 的数组，有两行五列。

除了使用索引访问数组中的元素外，还可以使用列表，其索引如下：

```
list1 = [1,2,3,4,5]
r1 = np.array(list1)
print(r1[[2,4]])        # [3 5]
```

2.3.1 布尔索引

除了使用索引访问数组中的元素外，还有一种非常有用的方法可以访问 NumPy 数组中的元素。考虑以下代码：

```
print(r1>2)     # [False False  True  True  True]
```

该语句打印出一个包含布尔值的列表。它实际上遍历 r1 中的每个元素，并检查每个元素是否大于 2。结果是一个布尔值，并在流程的末尾创建一个布尔值列表。可将列表结果作为索引返回到数组中：

```
print(r1[r1>2])     # [3 4 5]
```

这种访问数组中元素的方法称为布尔索引，这种方法非常有用。考虑下面的例子。

```
nums = np.arange(20)
print(nums)            # [ 0 1 2 3 4 5 6 7 8 9 10 11 12 13 14 15 16
17 18 19]
```

如果想从列表中检索所有奇数，可以只使用布尔索引，如下：

```
odd_num = nums[nums % 2 == 1]
print(odd_num)         # [ 1 3 5 7 9 11 13 15 17 19]
```

2.3.2　切片数组

在 NumPy 数组中，切片类似于 Python 列表的切片。考虑下面的例子：

```
a = np.array([[1,2,3,4,5],
              [4,5,6,7,8],
              [9,8,7,6,5]])         # rank 2 array
print(a)
'''
[[1 2 3 4 5]
 [4 5 6 7 8]
 [9 8 7 6 5]]
'''
```

要提取最后两行和前两列，可使用切片：

```
b1 = a[1:3, :3]   # row 1 to 3 (not inclusive) and first 3 columns
print(b1)
```

上述代码片段会输出以下内容：

```
[[4 5 6]
 [9 8 7]]
```

下面仔细分析一下这段代码。切片具有以下语法：[start:stop]。对于二维数组，切片语法变为[start:stop, start:stop]。逗号(,)前面的 start:stop 表示行，逗号(,)后面的 start:stop 表示列。因此，对于[1:3，:3]，这意味着要提取索引 1 到 3 的行(但不包括 3)，以及从第一列开始到索引 3 的列(但不包括 3)。关于切片，一个常混淆的地方是结束索引。要记住，答案中不包含结束索引。可视化切片的一种更好方法是在数字之间(而非数字中心)编写每一行和每一列的索引，如图 2.1所示。

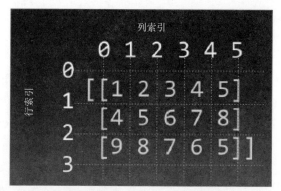

图 2.1　在数字之间编写行和列的索引

使用这种方法，现在可以更容易地可视化切片的工作原理(见图 2.2)。

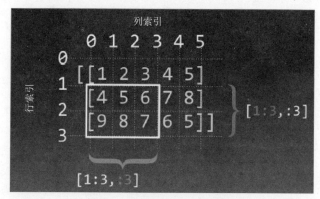

图 2.2　使用新方法执行切片

那么负索引呢？例如，考虑以下问题：

```
b2 = a[-2:,-2:]
print(b2)
```

使用刚才描述的方法，现在可以编写负的行和列索引，如图 2.3 所示。
现在应该很容易地推导出答案，如下：

```
[[7 8]
 [6 5]]
```

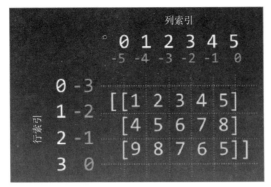

图 2.3   为行和列编写负索引

2.3.3   NumPy 切片是一个引用

值得注意的是，NumPy 切片的结果是一个引用，而不是原始数组的副本。考虑以下代码：

```
b3 = a[1:, 2:]  # row 1 onwards and column 2 onwards
                # b3 is now pointing to a subset of a
print(b3)
```

结果如下：

```
[[6 7 8]
 [7 6 5]]
```

其中 b3 实际上是原始数组 a 的一个引用，如图 2.4.

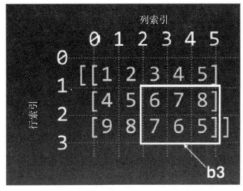

图 2.4   切片返回对原始数组的引用，而不是一个副本

因此，如果要改变 b3 中的一个元素，如下：

```
b3[0,2] = 88 # b3[0,2] is pointing to a[1,4]; modifying it will
```

```
                # modify the original array
print(a)
```

结果会影响 a 的内容，如下：

```
[[ 1 2 3 4 5]
 [ 4 5 6 7 88]
 [ 9 8 7 6 5]]
```

另一个需要注意的要点是，切片的结果取决于切片方式。举个例子：

```
b4 = a[2:, :]   # row 2 onwards and all columns
print(b4)
print(b4.shape)
```

在前面的语句中，会获得索引 2 及以上的行和所有列。结果是一个 2 维数组，如下所示：

```
[[9 8 7 6 5]]
(1,5)
```

如果代码如下：

```
b5 = a[2, :]    # row 2 and all columns
print(b5)       # b5 is rank 1
```

结果就是一维数组：

```
[9 8 7 6 5]
```

输出数组的形状，以验证这一点：

```
print(b5.shape)  # (5,)
```

2.4　重塑数组

可使用 reshape()函数将数组重塑为另一个维度。使用 b5(这是一个秩为 1 的数组)的例子，可将它重塑为秩为 2 的数组，如下所示：

```
b5 = b5.reshape(1,-1)
print(b5)
'''
[[9 8 7 6 5]]
'''
```

在本例中，使用两个参数调用 reshape ()函数。第一个 1 表示希望将它转换为具有一行的秩 2 数组，而-1 表示让 reshape ()函数来创建正确的列数。当然在这个例子中，很明显重塑后将有 5 列，所以可以调用 reshape (1,5)函数。然而在更复杂的情况下，总能方便地使用-1，让函数决定要创建的行数或列数。

另一个例子是将 b4 (这是一个秩为 2 的数组) 重塑为秩 1：

```
b4.reshape(-1,)
'''
[9 8 7 6 5]
'''
```

-1 表示让函数决定创建多少行，只要最终结果是一个一维数组即可。

提示：

要将秩 2 数组转换为秩 1 数组，还可以使用 flatten()或 ravel()函数。flatten()函数总是返回数组的副本，而 ravel()和 reshape()函数返回原始数组的视图(引用)。

2.5　数组数学

可很容易地对 NumPy 数组执行数组数学操作。考虑下面两个秩 2 数组：

```
x1 = np.array([[1,2,3],[4,5,6]])
y1 = np.array([[7,8,9],[2,3,4]])
```

要将这两个数组相加，可以使用+操作符，如下：

```
print(x1 + y1)
```

结果是两个数组中的各个元素相加：

```
[[ 8 10 12]
 [ 6 8 10]]
```

数组数学很重要，因为它可用来执行向量计算。一个很好的例子是：

```
x = np.array([2,3])
y = np.array([4,2])
z = x + y
'''
[6 5]
'''
```

图 2.5 显示了如何使用数组来表示向量，并使用数组加法来执行向量加法。

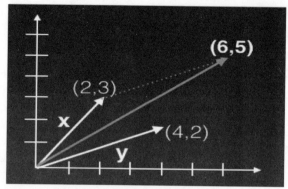

图2.5 将数组加法用于向量加法

除了使用+运算符，还可使用 np.add() 函数添加两个数组:

```
np.add(x1,y1)
```

除了加法，还可对 NumPy 数组执行减法、乘法以及除法:

```
print(x1 - y1)    # same as np.subtract(x1,y1)
'''
[[-6 -6 -6]
 [ 2  2  2]]
'''

print(x1 * y1)    # same as np.multiply(x1,y1)
'''
[[ 7 16 27]
 [ 8 15 24]]
'''

print(x1 / y1)    # same as np.divide(x1,y1)
'''
[[ 0.14285714   0.25          0.33333333]
 [ 2.          1.66666667  1.5 ]]
'''
```

两个数组相乘或相除的实际用途是什么？例如，假设有三个数组：一个包含一组人的名字，另一个包含这些人的相应身高，最后一个包含组中每个人的相应权重:

```
names    = np.array(['Ann','Joe','Mark'])
heights  = np.array([1.5, 1.78, 1.6])
weights  = np.array([65, 46, 59])
```

现在假设想计算这组人的身体质量指数(BMI)。计算 BMI 的公式如下:

- 重量(kg)除以身高(m)
- 结果再除以身高

使用 BMI 指数,可将一个人分为健康、超重或体重不足,类别如下:

- BMI < 18.5 时,体重不足
- BMI >25 时,超重
- 18.5≤BMI≤25 时,正常体重

使用数组除法,可通过下面的语句简单地计算 BMI:

```
bmi = weights/heights **2  # calculate the BMI
print(bmi)                 # [ 28.88888889 14.51836889
23.046875 ]
```

现在,很容易找出谁超重,谁体重不足,谁体重正常:

```
print("Overweight: " , names[bmi>25])
# Overweight: ['Ann']
print("Underweight: " , names[bmi<18.5])
# Underweight: ['Joe']
print("Healthy: " , names[(bmi>=18.5) & (bmi<=25)])
# Healthy: ['Mark']
```

2.5.1　点积

注意,将两个数组相乘时,实际上是将两个数组中对应的每个元素相乘。通常,希望执行标量积(也称为点积)。点积是一种代数运算,它取两个大小相等的坐标向量,并返回一个数字。计算两个向量的点积时,需要将每个向量中的对应项相乘,并将所有这些乘积相加。例如,给定两个向量 $a = [a_1 , a_2, \cdots, a_n]$ 和 $b = [b_1, b_2, \cdots, b_n]$,这两个向量的点积是 $a_1 b_1 + a_2 b_2 + \cdots + a_n b_n$。

在 NumPy 中,点积使用 dot()函数得到:

```
x = np.array([2,3])
y = np.array([4,2])
np.dot(x,y) # 2x4 + 3x2 = 14
```

点积也适用于秩 2 数组。如果执行两个秩 2 数组的点积,它等价于下面的矩阵乘法:

```
x2 = np.array([[1,2,3],[4,5,6]])
y2 = np.array([[7,8],[9,10], [11,12]])
print(np.dot(x2,y2))                      # matrix multiplication
'''
```

```
[[ 58  64]
 [139 154]]
'''
```

图 2.6 显示了矩阵乘法的工作原理。第一个结果 58 由第一个数组中第一行与第二个数组中第一列的点积得到：1×7 + 2×9 + 3×11 = 58。第二个结果 64 由第一个数组中第一行与第二个数组中第二列的点积得到： 1×8 + 2×10 + 3×12 = 64。以此类推。

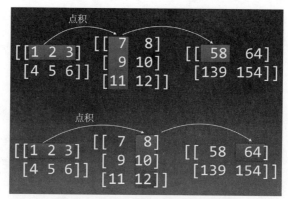

图 2.6　在两个数组上执行矩阵乘法

2.5.2　矩阵

除了数组(ndarray)之外，NumPy 还提供了一个 matrix 类。matrix 类是 ndarray 的一个子类，与 ndarray 基本相同，但有一个显著区别：矩阵是严格二维的，而 ndarray 可以是多维的。创建矩阵对象类似于创建一个 NumPy 数组：

```
x2 = np.matrix([[1,2],[4,5]])
y2 = np.matrix([[7,8],[2,3]])
```

还可使用 asmatrix()函数将 NumPy 数组转换为阵列：

```
x1 = np.array([[1,2],[4,5]])
y1 = np.array([[7,8],[2,3]])
x1 = np.asmatrix(x1)
y1 = np.asmatrix(y1)
```

ndarray 和矩阵之间的另一个重要区别发生在对它们进行乘法操作时。当将两个 ndarray 对象相乘时，结果是前述的元素对元素的乘法。另一方面，将两个矩阵对象相乘时，得到点积(相当于 np.dot()函数)：

```
x1 = np.array([[1,2],[4,5]])
y1 = np.array([[7,8],[2,3]])
```

```
print(x1 * y1)         # element-by-element multiplication
'''
[[ 7 16]
 [ 8 15]]
'''

x2 = np.matrix([[1,2],[4,5]])
y2 = np.matrix([[7,8],[2,3]])
print(x2 * y2)     # dot product; same as np.dot()
'''
[[11 14]
 [38 47]]
'''
```

2.5.3　累积和

在处理数值数据时，通常需要求出 NumPy 数组中数字的总和。考虑以下数组：

```
a = np.array([(1,2,3),(4,5,6), (7,8,9)])
print(a)
'''
[[1 2 3]
 [4 5 6]
 [7 8 9]]
'''
```

可调用 cumsum()函数来获得元素的总和：

```
print(a.cumsum())  # prints the cumulative sum of all the
                   # elements in the array
                   # [ 1 3 6 10 15 21 28 36 45]
```

在本例中，cumsum()函数返回一个一阶数组，其中包含数组中所有元素的总和。cumsum()函数也接受一个可选的参数 axis。指定 axis 表示想要得到每一列的总和：

```
print(a.cumsum(axis=0)) # sum over rows for each of the 3 columns
'''
[[ 1 2 3]
 [ 5 7 9]
 [12 15 18]]
'''
```

指定 axis 为 1 表示希望得到每一行的总和。

```
print(a.cumsum(axis=1)) # sum over columns for each of the 3 rows
'''
[[ 1  3  6]
 [ 4  9 15]
 [ 7 15 24]]
'''
```

图 2.7 清楚地说明了 axis 参数如何影响总和的计算方式。

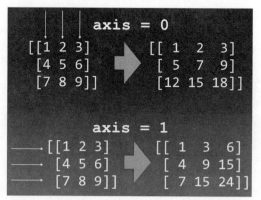

图 2.7　对列和行计算总和

2.5.4　NumPy 排序

NumPy 提供了许多有效的排序函数，使数组的排序变得非常容易。第一个用于排序的函数是 sort()，它接收一个数组并返回一个已排序的数组。考虑以下例子：

```
ages = np.array([34,12,37,5,13])
sorted_ages = np.sort(ages)  # does not modify the original array
print(sorted_ages)           # [ 5 12 13 34 37]
print(ages)                  # [34 12 37 5 13]
```

从输出可看到，sort()函数不修改原始数组。相反，它返回一个排序后的数组。如果要对原始数组进行排序，请对数组本身调用 sort()函数，如下所示：

```
ages.sort()        # modifies the array
print(ages)        # [ 5 12 13 34 37]
```

另一个用于排序的函数是 argsort()。要了解它是如何工作的，可以看看以下代码示例：

```
ages = np.array([34,12,37,5,13])
print(ages.argsort())        # [3 1 4 0 2]
```

argsort()函数返回数组排序后的索引。在前面的示例中，argsort()函数结果的第一个元素(3)表示排序后的最小元素位于原始数组的索引 3 中，即数字 5。下一个数字在原始数组的索引 1 中，它是 12，以此类推。图 2.8 显示了排序索引的含义。

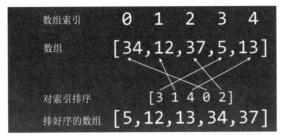

图 2.8　理解 argsort()函数结果的含义

要打印已排序的 ages 数组，请使用 argsort()的结果作为 ages 数组的索引：

```
print(ages[ages.argsort()]) # [ 5 12 13 34 37]
```

argsort()的真正用途是什么？假设有三个数组代表一组人、他们的年龄和身高：

```
persons = np.array(['Johnny','Mary','Peter','Will','Joe'])
ages    = np.array([34,12,37,5,13])
heights = np.array([1.76,1.2,1.68,0.5,1.25])
```

假设想按年龄对这群人进行分类。如果仅对 ages 数组进行排序，那么其他两个数组将不能根据年龄正确排序。此时就可使用 argsort()：

```
sort_indices = np.argsort(ages)  # performs a sort based on ages
                                 # and returns an array of indices
                                 # indicating the sort order
```

一旦获得排序索引，只需要将它们输入三个数组：

```
print(persons[sort_indices])  # ['Will' 'Mary' 'Joe' 'Johnny'
'Peter']
print(ages[sort_indices])     # [ 5 12 13 34 37]
print(heights[sort_indices])  # [ 0.5 1.2 1.25 1.76 1.68]
```

现在将根据年龄进行排序。可以看出，Will 是最小的，其次是 Mary，等等。每个人相应的身高也将按正确的顺序排列。

如果希望基于姓名进行排序，那么只需要对 persons 数组使用 argsort()，并将得到的索引输入三个数组。

```
sort_indices = np.argsort(persons) # sort based on names
print(persons[sort_indices])          # ['Joe' 'Johnny' 'Mary' 'Peter'
'Will']
print(ages[sort_indices])             # [13 34 12 37 5]
print(heights[sort_indices])          # [ 1.25 1.76 1.2 1.68 0.5 ]
```

要颠倒名称的顺序并按降序显示它们，请使用 Python[::-1]符号：

```
reverse_sort_indices = np.argsort(persons) [::-1] # reverse the
order of a list
print(persons[reverse_sort_indices])    # ['Will' 'Peter' 'Mary'
                                         # 'Johnny' 'Joe']
print(ages[reverse_sort_indices])        # [ 5 37 12 34 13]
print(heights[reverse_sort_indices])     # [ 0.5 1.68 1.2 1.76
                                         # 1.25]
```

2.6 数组赋值

给 NumPy 数组赋值时，必须注意数组是如何赋值的。下面用一些例子来说明这一点。

2.6.1 通过引用复制

考虑一个名为 a1 的数组：

```
list1 = [[1,2,3,4], [5,6,7,8]]
a1 = np.array(list1)
print(a1)
'''
[[1 2 3 4]
 [5 6 7 8]]
'''
```

试图将 a1 赋值给另一个变量 a2 时，就会创建数组的一个副本：

```
a2 = a1        # creates a copy by reference
print(a1)
'''
[[1 2 3 4]
 [5 6 7 8]]
'''
```

```
print(a2)
'''
[[1 2 3 4]
 [5 6 7 8]]
'''
```

然而，a2 实际上指向原始的 a1。因此，对其中一个数组所做的任何更改都会影响另一个数组，如下所示：

```
a2[0][0] = 11    # make some changes to a2
print(a1)        # affects a1
'''
[[11 2 3 4]
 [ 5 6 7 8]]
'''

print(a2)
'''
[[11 2 3 4]
 [ 5 6 7 8]]
'''
```

提示：

在本章前面的 2.4 节中，介绍了如何使用 reshape()函数更改 ndarray 的形状。除了使用 reshape()函数外，还可使用 ndarray 的 shape 属性来更改它的维度。

如果 a1 现在改变形状，a2 也会受到影响，如下：

```
a1.shape = 1,-1    # reshape a1
print(a1)
'''
[[11 2 3 4 5 6 7 8]]
'''

print(a2)              # a2 also changes shape
'''
[[11 2 3 4 5 6 7 8]]
'''
```

2.6.2　按视图复制(浅复制)

NumPy 有一个 view()函数，它允许通过引用创建数组的副本，同时确保更改原始数组的形状不会影响副本的形状。这就是所谓的浅复制。下面通过一个例子来理解它是如何工作的。

```
a2 = a1.view() # creates a copy of a1 by reference; but changes
               # in dimension in a1 will not affect a2
print(a1)
'''
[[1 2 3 4]
 [5 6 7 8]]
'''

print(a2)
'''
[[1 2 3 4]
 [5 6 7 8]]
'''
```

像往常一样，修改 a1 中的值，a2 也会发生变化。

```
a1[0][0] = 11    # make some changes in a1
print(a1)
'''
[[11 2 3 4]
 [ 5 6 7 8]]
'''

print(a2)         # changes is also seen in a2
'''
[[11 2 3 4]
 [ 5 6 7 8]]
'''
```

到目前为止，浅复制与上一节执行的复制是相同的。而若使用浅复制，当改变 a1 的形状时，a2 是不受影响的：

```
a1.shape = 1,-1 # change the shape of a1
print(a1)
'''
[[11 2 3 4 5 6 7 8]]
'''

print(a2) # a2 does not change shape
'''
[[11 2 3 4]
 [ 5 6 7 8]]
'''
```

2.6.3　按值复制(深度复制)

如果要按值复制数组，请使用 copy()函数，如下面的示例所示：

```
list1 = [[1,2,3,4], [5,6,7,8]]
a1 = np.array(list1)
a2 = a1.copy()      # create a copy of a1 by value (deep copy)
```

copy()函数创建数组的深度副本——它创建数组及其数据的完整副本。将数组的副本分配给另一个变量时，对原始数组形状所做的任何更改都不会影响其副本。下面是证据：

```
a1[0][0] = 11 # make some changes in a1
print(a1)
'''
[[11 2 3 4]
 [ 5 6 7 8]]
'''

print(a2) # changes is not seen in a2
'''
[[1 2 3 4]
 [5 6 7 8]]
'''

a1.shape = 1,-1 # change the shape of a1
print(a1)
'''
[[11 2 3 4 5 6 7 8]]
'''

print(a2) # a2 does not change shape
'''
[[1 2 3 4]
 [5 6 7 8]]
'''
```

2.7　本章小结

本章介绍了如何使用 NumPy 来表示相同类型的数据。还讨论了如何创建不同维度的数组，以及如何访问数组中存储的数据。NumPy 数组的一个重要特性是，它能非常轻松有效地执行数组数学操作，而不需要编写大量代码。

下一章将学习另一个使处理表格数据变得简单的重要库：Pandas。

## 第 3 章

使用 Pandas 处理表格数据

3.1 Pandas 是什么?

虽然 NumPy 数组是 Python 列表的一个改进了很多的 n 维数组对象版本,但它还不足以满足数据科学的需要。在现实世界中,数据通常以表格表示。例如,考虑以下 CSV 文件的内容:

```
,DateTime,mmol/L
0,2016-06-01 08:00:00,6.1
1,2016-06-01 12:00:00,6.5
2,2016-06-01 18:00:00,6.7
3,2016-06-02 08:00:00,5.0
4,2016-06-02 12:00:00,4.9
5,2016-06-02 18:00:00,5.5
6,2016-06-03 08:00:00,5.6
7,2016-06-03 12:00:00,7.1
8,2016-06-03 18:00:00,5.9
9,2016-06-04 09:00:00,6.6
10,2016-06-04 11:00:00,4.1
11,2016-06-04 17:00:00,5.9
12,2016-06-05 08:00:00,7.6
13,2016-06-05 12:00:00,5.1
14,2016-06-05 18:00:00,6.9
15,2016-06-06 08:00:00,5.0
16,2016-06-06 12:00:00,6.1
```

```
17,2016-06-06 18:00:00,4.9
18,2016-06-07 08:00:00,6.6
19,2016-06-07 12:00:00,4.1
20,2016-06-07 18:00:00,6.9
21,2016-06-08 08:00:00,5.6
22,2016-06-08 12:00:00,8.1
23,2016-06-08 18:00:00,10.9
24,2016-06-09 08:00:00,5.2
25,2016-06-09 12:00:00,7.1
26,2016-06-09 18:00:00,4.9
```

CSV 文件包含的数据行被分成三列：索引、记录日期和时间，以及以 mmol/L 表示的血糖读数。为能处理存储为表的数据，需要一个更适合处理它的新数据类型 Pandas。虽然 Python 支持列表和字典来操作结构化数据，但它不太适合操作数值表，比如存储在 CSV 文件中的表。Pandas 是一个 Python 包，提供快速、灵活和富有表现力的数据结构，旨在使处理"关系"或"标记"数据既简单又直观。

注意：
Pandas 代表面板数据分析(Panel Data Analysis)。

Pandas 支持两个关键的数据结构 Series 和 DataFrame。本章将学习如何使用 Pandas 中的 Series 和 DataFrame。

3.2　Pandas Series

Pandas Series 是类似于 NumPy 的一维数组，每个元素都有一个索引(默认为 0,1,2，…)；Series 的行为非常类似于包含索引的字典。图 3.1 显示了 Pandas 中一个 Series 的结构。

图 3.1　Pandas 中的一个 Series

要创建 Series，首先需要导入 pandas 库(约定使用 pd 作为别名)，然后使用
Series 类:

```
import pandas as pd
series = pd.Series([1,2,3,4,5])
print(series)
```

上述代码段会生成如下输出:

```
0    1
1    2
2    3
3    4
4    5
dtype: int64
```

默认情况下，Series 的索引从 0 开始。

3.2.1　使用指定索引创建 Series

可使用 index 参数为 Series 指定一个可选索引:

```
series = pd.Series([1,2,3,4,5], index=['a','b','c','d','c'])
print(series)
```

上述代码段会生成如下输出:

```
a    1
b    2
c    3
d    4
c    5
dtype: int64
```

值得注意的是，如前面的输出所示，Series 的索引不一定是唯一的。

3.2.2　访问 Series 中的元素

访问 Series 中的元素类似于访问数组中的元素。可使用元素的位置，如下:

```
print(series[2])          # 3
# same as
print(series.iloc[2])     # 3 - based on the position of the index
```

iloc 索引器允许通过元素的位置指定元素。

或者，也可指定要访问的元素的索引值，如下。

41

```
print(series['d'])        # 4
# same as
print(series.loc['d'])   # 4 - based on the label in the index
```

loc 索引器允许指定索引的标签(值)。

注意，在前面的两个示例中，结果是一个整数(这是该 Series 的类型)。如果执行以下操作，会发生什么?

```
print(series['c']) # more than 1 row has the index 'c'
```

这种情况下，结果将是另一个 Series:

```
c 3
c 5
dtype: int64
```

还可在 Series 上执行切片操作:

```
print(series[2:])        # returns a Series
print(series.iloc[2:]) # returns a Series
```

上述代码片段生成以下输出:

```
c 3
d 4
c 5
dtype: int64
```

3.2.3 指定 Datetime 范围作为 Series 的索引

通常，希望创建一个 timeseries，例如一个月内运行的日期序列。为此可使用 date_range()函数:

```
dates1 = pd.date_range('20190525', periods=12)
print(dates1)
```

上述代码片段显示以下输出:

```
DatetimeIndex(['2019-05-25', '2019-05-26', '2019-05-27','2019-05-28',
               '2019-05-29', '2019-05-30', '2019-05-31', '2019-06-01',
               '2019-06-02', '2019-06-03', '2019-06-04', '2019-06-05'],
             dtype='datetime64[ns]', freq='D')
```

要将日期范围指定为 Series 的索引，请使用 Series 的 index 属性，如下:

```
series = pd.Series([1,2,3,4,5,6,7,8,9,10,11,12])
series.index = dates1
```

```
print(series)
```

输出如下：

```
2019-05-25    1
2019-05-26    2
2019-05-27    3
2019-05-28    4
2019-05-29    5
2019-05-30    6
2019-05-31    7
2019-06-01    8
2019-06-02    9
2019-06-03   10
2019-06-04   11
2019-06-05   12
Freq: D, dtype: int64
```

3.2.4　日期范围

上一节了解了如何使用 date_range()函数创建日期范围。period 参数指定要创建多少个日期，默认频率是 D(代表 Daily)。如果想将频率改为 month，请使用 freq 参数并将其设置为 M：

```
dates2 = pd.date_range('2019-05-01', periods=12, freq='M')
print(dates2)
```

这会输出如下日期：

```
DatetimeIndex(['2019-05-31', '2019-06-30', '2019-07-31', '2019-08-31',
               '2019-09-30', '2019-10-31', '2019-11-30', '2019-12-31',
               '2020-01-31', '2020-02-29', '2020-03-31', '2020-04-30'],
               dtype='datetime64[ns]', freq='M')
```

请注意，当频率设置为 month 时，每个日期是该月的最后一天。如果希望日期以每月的第一天开始，请将 freq 参数设置为 MS：

```
dates2 = pd.date_range('2019-05-01', periods=12, freq= 'MS')
print(dates2)
```

现在应该看到，每个日期都以每个月的第一天开始：

```
DatetimeIndex(['2019-05-01', '2019-06-01', '2019-07-01', '2019-08-01',
               '2019-09-01', '2019-10-01', '2019-11-01', '2019-12-01',
               '2020-01-01', '2020-02-01', '2020-03-01', '2020-04-01'],
               dtype='datetime64[ns]', freq='MS')
```

提示：

有关其他日期频率，请参阅文档的 Offset Aliases 部分，其地址是：http://pandas.pydata.org/pandas-docs/stable/timeseries.html#offset-aliases。

注意，Pandas 会自动解释指定的日期。在本例中，2019-05-01 解释为 2019 年 5 月 1 日。在某些地区，开发人员使用 dd-mm-yyyy 格式指定日期。因此，为了表示 2019 年 1 月 5 日，可以指定如下代码：

```
dates2 = pd.date_range('05-01-2019', periods=12, freq='MS')
print(dates2)
```

但请注意，这种情况下，Pandas 把 05 解释为月份，01 解释为天，2019 解释为年，如下输出所示：

```
DatetimeIndex(['2019-05-01', '2019-06-01', '2019-07-01', '2019-08-01',
               '2019-09-01', '2019-10-01', '2019-11-01', '2019-12-01',
               '2020-01-01', '2020-02-01', '2020-03-01', '2020-04-01'],
              dtype='datetime64[ns]', freq='MS')
```

除了设置日期，还可以设置时间：

```
dates3 = pd.date_range('2019/05/17 09:00:00', periods=8, freq='H')
print(dates3)
```

输出如下：

```
DatetimeIndex([ '2019-05-17 09:00:00', '2019-05-17 10:00:00',
               '2019-05-17 11:00:00', '2019-05-17 12:00:00',
               '2019-05-17 13:00:00', '2019-05-17 14:00:00',
               '2019-05-17 15:00:00', '2019-05-17 16:00:00'],
              dtype='datetime64[ns]', freq='H')
```

提示：

如果查看本节中的每个代码片段，会发现 Pandas 允许指定不同格式的日期，比如 mm-dd-yyyy、yyyy-mm-dd 和 yyyy/mm/dd，它将自动尝试理解指定的日期。当有疑问时，打印出要确认的日期范围总是有用的。

3.3　Pandas DataFrame

Pandas DataFrame 是类似于 NumPy 的二维数组。可将它想象成一张表。图 3.2 显示了 Pandas 中 DataFrame 的结构。还展示了 DataFrame 中的单个列(连同索引)是一个 Series。

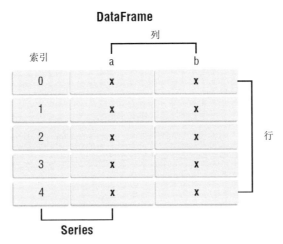

图 3.2　Pandas 中的 DataFrame

DataFrame 在数据科学和机器学习领域非常有用，因为它真实地反映了数据在现实生活中的存储方式。想象一下存储在电子表格中的数据，就能非常清楚地想象出 DataFrame。在机器学习中表示数据时经常使用 Pandas DataFrame。因此，对于本章剩下的部分，我们将投入大量时间来分析它是如何工作的。

3.3.1　创建 DataFrame

可使用 DataFrame()类创建 Pandas DataFrame：

```
import pandas as pd
import numpy as np

df = pd.DataFrame(np.random.randn(10,4),
                  columns=list('ABCD'))
print(df)
```

在前面的代码片段中，创建了一个 10 行 4 列的 DataFrame，每个单元格使用 randn()函数填充一个随机数。每一列都有一个标签：A、B、C 和 D。

```
          A          B          C          D
0  0.187497   1.122150  -0.988277  -1.985934
1  0.360803  -0.562243  -0.340693  -0.986988
2 -0.040627   0.067333  -0.452978   0.686223
3 -0.279572 - 0.702492   0.252265   0.958977
4  0.537438  -1.737568   0.714727  -0.939288
5  0.070011  -0.516443  -1.655689   0.246721
6  0.001268   0.951517   2.107360  -0.108726
```

```
7 -0.185258    0.856520   -0.686285    1.104195
8  0.387023    1.706336   -2.452653    0.260466
9 -1.054974    0.556775   -0.945219   -0.030295
```

注意：

显然，在自己的 DataFrame 中会看到一组不同的数字，因为这些数字是随机生成的。

DataFrame 通常是从文本文件(如 CSV 文件)中加载的。假设有一个名为 data.csv 的 CSV 文件，包含以下内容：

```
A,B,C,D
0.187497,1.122150,-0.988277,-1.985934
0.360803,-0.562243,-0.340693,-0.986988
-0.040627,0.067333,-0.452978,0.686223
-0.279572,-0.702492,0.252265,0.958977
0.537438,-1.737568,0.714727,-0.939288
0.070011,-0.516443,-1.655689,0.246721
0.001268,0.951517,2.107360,-0.108726
-0.185258,0.856520,-0.686285,1.104195
0.387023,1.706336,-2.452653,0.260466
-1.054974,0.556775,-0.945219,-0.030295
```

可使用 read_csv()函数将 CSV 文件的内容加载到 DataFrame 中：

```
df = pd.read_csv('data.csv')
```

3.3.2　在 DataFrame 中指定索引

注意，上一节中的 DataFrame 有一个从 0 开始的索引。这类似于 Series。与 Series 一样，也可使用 index 属性为 DataFrame 设置索引，如下面的代码片段所示：

```
df = pd.read_csv('data.csv')
days = pd.date_range('20190525', periods=10)
df.index = days
print(df)
```

输出如下：

```
                     A             B             C             D
2019-05-25    0.187497      1.122150     -0.988277     -1.985934
2019-05-26    0.360803     -0.562243     -0.340693     -0.986988
2019-05-27   -0.040627      0.067333     -0.452978      0.686223
2019-05-28   -0.279572     -0.702492      0.252265      0.958977
```

2019-05-29	0.537438	-1.737568	0.714727	-0.939288
2019-05-30	0.070011	-0.516443	-1.655689	0.246721
2019-05-31	0.001268	0.951517	2.107360	-0.108726
2019-06-01	-0.185258	0.856520	-0.686285	1.104195
2019-06-02	0.387023	1.706336	-2.452653	0.260466
2019-06-03	-1.054974	0.556775	-0.945219	-0.030295

要获得 DataFrame 的索引，使用 index 属性，如下：

```
print(df.index)
```

输出如下：

```
DatetimeIndex(['2019-05-25', '2019-05-26', '2019-05-27', '2019-05-28',
               '2019-05-29', '2019-05-30', '2019-05-31', '2019-06-01',
               '2019-06-02', '2019-06-03'],
              dtype='datetime64[ns]', freq='D')
```

如果想获得整个 DataFrame 的值作为一个二维 ndarray，可使用 values 属性：

```
print(df.values)
```

输出如下：

```
[[ 1.874970e-01 1.122150e+00 -9.882770e-01 -1.985934e+00]
 [ 3.608030e-01 -5.622430e-01 -3.406930e-01 -9.869880e-01]
 [-4.062700e-02 6.733300e-02 -4.529780e-01 6.862230e-01]
 [-2.795720e-01 -7.024920e-01 2.522650e-01 9.589770e-01]
 [ 5.374380e-01 -1.737568e+00 7.147270e-01 -9.392880e-01]
 [ 7.001100e-02 -5.164430e-01 -1.655689e+00 2.467210e-01]
 [ 1.268000e-03 9.515170e-01 2.107360e+00 -1.087260e-01]
 [-1.852580e-01 8.565200e-01 -6.862850e-01 1.104195e+00]
 [ 3.870230e-01 1.706336e+00 -2.452653e+00 2.604660e-01]
 [-1.054974e+00 5.567750e-01 -9.452190e-01 -3.029500e-02]]
```

3.3.3　生成 DataFrame 的描述性统计信息

Pandas DataFrame 附带了一些有用的函数，以提供关于 DataFrame 中值的一些详细统计信息。例如，可使用 describe()函数来获取计数、平均值、标准差、最小值、最大值等，以及各种四分位数：

```
print(df.describe())
```

使用上一节中的 DataFrame，会看到以下值：

	A	B	C	D
count	10.000000	10.000000	10.000000	10.00000
mean	-0.001639	0.174188	-0.444744	-0.07946
std	0.451656	1.049677	1.267397	0.971164
min	-1.054974	-1.737568	-2.452653	-1.98593
25%	-0.149100	-0.550793	-0.977513	-0.73164
50%	0.035640	0.312054	-0.569632	0.108213
75%	0.317477	0.927768	0.104026	0.579784
max	0.537438	1.706336	2.107360	1.104195

如果只想计算 DataFrame 中的平均值，可以使用 mean()函数，来表示轴：

```
print(df.mean(0))    # 0 means compute the mean for each columns
```

输出如下：

```
A  -0.001639
B   0.174188
C  -0.444744
D  -0.079465
dtype: float64
```

如果想要得到每一行的平均值，将轴设为 1：

```
print(df.mean(1)) # 1 means compute the mean for each row
```

输出如下：

```
2019-05-25  -0.416141
2019-05-26  -0.382280
2019-05-27   0.064988
2019-05-28   0.057294
2019-05-29  -0.356173
2019-05-30  -0.463850
2019-05-31   0.737855
2019-06-01   0.272293
2019-06-02  -0.024707
2019-06-03  -0.368428
Freq: D, dtype: float64
```

3.3.4 从 DataFrame 中提取

在第 2 章中，了解了 NumPy 以及切片功能如何允许提取 NumPy 数组的一部分。同样，在 Pandas 中，切片也适用于 Series 和 DataFrame。

因为在 DataFrame 中提取行和列是使用 DataFrame 执行的最常见任务之一(而且可能会令人困惑)，所以下面一步一步地介绍各种方法，以便理解它们是如何工作的。

1. 选择前五行和后五行

有时，DataFrame 可能太长，读者只想查看 DataFrame 中的前几行。为此，可以使用 head()函数：

```
print(df.head())
```

head()函数输出 DataFrame 中的前五行：

```
                    A            B            C            D
2019-05-25   0.187497     1.122150    -0.988277    -1.985934
2019-05-26   0.360803    -0.562243    -0.340693    -0.986988
2019-05-27  -0.040627     0.067333    -0.452978     0.686223
2019-05-28  -0.279572    -0.702492     0.252265     0.958977
2019-05-29   0.537438    -1.737568     0.714727    -0.939288
```

如果想要超过 5 行(或者少于 5 行)，就可以在 head()函数中指出想要的行数，如下：

```
print(df.head(8)) # prints out the first 8 rows
```

还有一个 tail()函数：

```
print(df.tail())
```

tail()函数打印最后五行：

```
                    A            B            C            D
2019-05-30   0.070011    -0.516443    -1.655689     0.246721
2019-05-31   0.001268     0.951517     2.107360    -0.108726
2019-06-01  -0.185258     0.856520    -0.686285     1.104195
2019-06-02   0.387023     1.706336    -2.452653     0.260466
2019-06-03  -1.054974     0.556775    -0.945219    -0.030295
```

与 head()函数一样，tail()函数允许指定要打印的行数：

```
print(df.tail(8)) # prints out the last 8 rows
```

2. 选择 DataFrame 中的特定列

要获取 DataFrame 中的一列或多列，可指定列标签，如下：

```
print(df['A'])
# same as
print(df.A)
```

这将打印出 A 列及其索引：

```
2019-05-25    0.187497
2019-05-26    0.360803
2019-05-27   -0.040627
2019-05-28   -0.279572
2019-05-29    0.537438
2019-05-30    0.070011
2019-05-31    0.001268
2019-06-01   -0.185258
2019-06-02    0.387023
2019-06-03   -1.054974
Freq: D, Name: A, dtype: float64
```

本质上，得到的是一个 Series。如果要检索多个列，请传入包含列标签的列表：

```
print(df[['A', 'B']])
```

输出如下：

```
                   A             B
2019-05-25    0.187497      1.122150
2019-05-26    0.360803     -0.562243
2019-05-27   -0.040627      0.067333
2019-05-28   -0.279572     -0.702492
2019-05-29    0.537438     -1.737568
2019-05-30    0.070011     -0.516443
2019-05-31    0.001268      0.951517
2019-06-01   -0.185258      0.856520
2019-06-02    0.387023      1.706336
2019-06-03   -1.054974      0.556775
```

本例将获得一个 DataFrame，而不是 Series。

3. 基于行号的切片

首先，提取 DataFrame 中的一系列行：

```
print(df[2:4])
```

这将从 DataFrame 中提取第 2~4 行(不包括第 4 行)，输出如下：

```
                   A             B            C           D
2019-05-27 -0.040627    0.067333    -0.452978   0.686223
2019-05-28 -0.279572   -0.702492     0.252265   0.958977
```

还可使用 iloc 索引器根据行号提取行：

```
print(df.iloc[2:4])
```

这将生成与前面代码片段相同的输出。

注意，如果希望使用行号提取特定的行(而不是一个范围的行)，需要使用 iloc
索引器，如下：

```
print(df.iloc[[2,4]])
```

输出如下：

```
                     A          B          C          D
2019-05-27  -0.040627   0.067333  -0.452978   0.686223
2019-05-29   0.537438  -1.737568   0.714727  -0.939288
```

如果不使用 iloc 索引器，以下语句将无法工作：

```
print(df[[2,4]])   # error; need to use the iloc indexer
```

当使用行号提取单个行时也是如此；需要使用 iloc：

```
print(df.iloc[2]) # prints out row number 2
```

4. 基于行号和列号的切片

如果希望提取 DataFrame 中的特定行和列，需要使用 iloc 索引器。下面的代
码片段提取行号 2 到 3，列号 1 到 3：

```
print(df.iloc[2:4, 1:4])
```

输出如下：

```
                    B          C          D
2019-05-27   0.067333  -0.452978   0.686223
2019-05-28  -0.702492   0.252265   0.958977
```

还可使用以下列表提取特定的行和列：

```
print(df.iloc[[2,4], [1,3]])
```

上面的语句输出行号 2 和 4，列号 1 和 3：

```
                    B          D
2019-05-27   0.067333   0.686223
2019-05-29  -1.737568  -0.939288
```

提示：

总之，如果希望使用切片提取一系列行，可以简单地使用以下语法：df[*start_row*:*end_row*]。如果想提取特定的行或列，请使用 iloc 索引器：

```
df.iloc[[row_1:row_2 ... row
_n],[column_1,column_2,...,column_n]
```

5. 根据标签进行切片

除了使用行号和列号提取行和列之外，还可以通过标签(值)提取它们。例如，下面的代码片段使用索引值(DatetimeIndex 类型)提取了一个范围的行：

```
print(df['20190601':'20190603'])
```

输出如下：

```
                   A         B         C          D
2019-06-01  -0.185258  0.856520 -0.686285   1.104195
2019-06-02   0.387023  1.706336 -2.452653   0.260466
2019-06-03  -1.054974  0.556775 -0.945219  -0.030295
```

也可以使用 loc 索引器，如下：

```
print(df.loc['20190601':'20190603'])
```

如果要使用列的值提取列，必须使用 loc 索引器，如下面的示例所示：

```
print(df.loc['20190601':'20190603', 'A':'C'])
```

上述语句的输出如下：

```
                   A         B         C
2019-06-01  -0.185258 0.856520 -0.686285
2019-06-02   0.387023 1.706336 -2.452653
2019-06-03  -1.054974 0.556775 -0.945219
```

提示：

按数字切片时，*start:end* 意味着从 *start* 行一直提取到 *end* 行，但不包括 *end* 行，按值切片将包括 *end* 行。

还可提取特定的列：

```
print(df.loc['20190601':'20190603', ['A','C']])
```

上述语句的输出如下。

```
                 A          C
2019-06-01  -0.185258  -0.686285
2019-06-02   0.387023  -2.452653
2019-06-03  -1.054974  -0.945219
```

如果想提取特定的行，请使用 loc 索引器，如下所示：

```
print(df.loc['20190601'])
```

输出如下：

```
A   -0.185258
B    0.856520
C   -0.686285
D    1.104195
Name: 2019-06-01 00:00:00, dtype: float64
```

奇怪的是，如果想提取以 datetime 为索引的特定行，则不能简单地将日期值传递给 loc 索引器，如下所示：

```
print(df.loc[['20190601','20190603']]) # KeyError
```

首先，需要将日期转换成 datetime 格式：

```
from datetime import datetime
date1 = datetime(2019, 6, 1, 0, 0, 0)
date2 = datetime(2019, 6, 3, 0, 0, 0)
print(df.loc[[date1,date2]])
```

现在输出如下：

```
                 A          B          C          D
2019-06-01  -0.185258   0.856520  -0.686285   1.104195
2019-06-03  -1.054974   0.556775  -0.945219  -0.030295
```

如果想要一个特定的行和列，可以提取它们，如下：

```
print(df.loc[date1, ['A','C']])
```

输出如下：

```
A -0.185258
C -0.686285
Name: 2019-06-01 00:00:00, dtype: float64
```

在前面的例子中，由于只有一个指定日期，所以结果是一个 Series。

提示：

总之，如果希望使用标签提取一系列行，可简单地使用以下语法：df[*start _label:end _label*]。如果希望提取特定的行或列，请使用具有以下语法的 loc 索引器：

```
df
loc[[row_1 _label,row_2_label,...,row_n_label],[column_1_label
column_2_label ... column_n_label]
```

3.3.5 选择 DataFrame 中的单个单元格

如果只希望访问 DataFrame 中的一个单元格，可以使用 at()函数。使用与上一节相同的例子，如果想获得一个特定单元格的值，可以使用以下代码片段：

```
from datetime import datetime
d = datetime(2019, 6, 3, 0, 0, 0)
print(df.at[d,'B'])
```

输出如下：

```
0.556775
```

3.3.6 基于单元格值进行选择

如果希望根据单元格中的某些值选择 DataFrame 的子集，可以使用布尔索引方法，如第 2 章所述。下面的代码片段打印出 A 和 B 列值为正的所有行：

```
print(df[(df.A > 0) & (df.B>0)])
```

输出如下：

```
                   A         B          C          D
2019-05-25 0.187497 1.122150  -0.988277  -1.985934
2019-05-31 0.001268 0.951517   2.107360  -0.108726
2019-06-02 0.387023 1.706336  -2.452653   0.260466
```

3.3.7 转置 DataFrame

如果需要将 DataFrame 映射到它的主对角线上(将列转换为行，将行转换为列)，可以使用 transpose()函数：

```
print(df.transpose())
```

或者，也可以使用 T 属性，这是 transpose()函数的一个访问器：

```
print(df.T)
```

这两种情况下，输出如下：

```
  2019-05-25 2019-05-26 2019-05-27 2019-05-28 2019-05-29 2019-05-30 \
A   0.187497   0.360803  -0.040627  -0.279572   0.537438   0.070011
B   1.122150  -0.562243   0.067333  -0.702492  -1.737568  -0.516443
C  -0.988277  -0.340693  -0.452978   0.252265   0.714727  -1.655689
D  -1.985934  -0.986988   0.686223   0.958977  -0.939288   0.246721

  2019-05-31 2019-06-01 2019-06-02 2019-06-03
A  0.001268 -0.185258  0.387023 -1.054974
B  0.951517  0.856520  1.706336  0.556775
C  2.107360 -0.686285 -2.452653 -0.945219
D -0.108726  1.104195  0.260466 -0.030295
```

3.3.8　检查结果是 DataFrame 还是 Series

与 Pandas 打交道的一个常见问题是，要知道得到的结果是 Series 还是 DataFrame。为解开这个谜团，可使用如下函数：

```
def checkSeriesOrDataframe(var):
    if isinstance(var, pd.DataFrame):
        return 'Dataframe'
    if isinstance(var, pd.Series):
        return 'Series'
```

3.3.9　在 DataFrame 中排序数据

有两种方法可对 DataFrame 中的数据进行排序：
(1) 使用 sort_index()函数按标签(轴)排序
(2) 使用 sort_values()函数按值排序

1. 通过索引排序

要使用轴进行排序，需要指定是否按索引或列进行排序。将 axis 参数设置为 0，表示希望按索引排序：

```
print(df.sort_index(axis=0, ascending=False)) # axis = 0 means sort by
                                               # index
```

基于上述语句，DataFrame 现在按照索引降序排序：

	A	B	C	D
2019-06-03	-1.054974	0.556775	-0.945219	-0.030295
2019-06-02	0.387023	1.706336	-2.452653	0.260466
2019-06-01	-0.185258	0.856520	-0.686285	1.104195
2019-05-31	0.001268	0.951517	2.107360	-0.108726
2019-05-30	0.070011	-0.516443	-1.655689	0.246721
2019-05-29	0.537438	-1.737568	0.714727	-0.939288
2019-05-28	-0.279572	-0.702492	0.252265	0.958977
2019-05-27	-0.040627	0.067333	-0.452978	0.686223
2019-05-26	0.360803	-0.562243	-0.340693	-0.986988
2019-05-25	0.187497	1.122150	-0.988277	-1.985934

提示：

注意，sort_index()函数返回已排序的 DataFrame。原始 DataFrame 不受影响。如果希望对原始的 DataFrame 进行排序，请使用 inplace 参数并将其设置为 True。通常，大多数涉及 DataFrame 的操作不会更改原始的 DataFrame。inplace 默认设置为 False。当 inplace 设置为 True 时，函数返回 None 作为结果。

将 axis 参数设置为 1 表示要按列标签排序：

```
print(df.sort_index(axis=1, ascending=False)) # axis = 1 means sort by
                                              # column
```

DataFrame 现在根据列标签进行排序(降序排列)：

	D	C	B	A
2019-05-25	-1.985934	-0.988277	1.122150	0.187497
2019-05-26	-0.986988	-0.340693	-0.562243	0.360803
2019-05-27	0.686223	-0.452978	0.067333	-0.040627
2019-05-28	0.958977	0.252265	-0.702492	-0.279572
2019-05-29	-0.939288	0.714727	-1.737568	0.537438
2019-05-30	0.246721	-1.655689	-0.516443	0.070011
2019-05-31	-0.108726	2.107360	0.951517	0.001268
2019-06-01	1.104195	-0.686285	0.856520	-0.185258
2019-06-02	0.260466	-2.452653	1.706336	0.387023
2019-06-03	-0.030295	-0.945219	0.556775	-1.054974

2. 按值排序

要按值排序，请使用 sort_values()函数。下面的语句根据 A 列中的值对 DataFrame 进行排序：

```
print(df.sort_values('A', axis=0))
```

现在根据 A 列的值(突出显示的值)对输出进行排序(按升序排列)。请注意，该索引现在是乱序的：

```
                     A            B            C            D
2019-06-03  -1.054974     0.556775    -0.945219    -0.030295
2019-05-28  -0.279572    -0.702492     0.252265     0.958977
2019-06-01  -0.185258     0.856520    -0.686285     1.104195
2019-05-27  -0.040627     0.067333    -0.452978     0.686223
2019-05-31   0.001268     0.951517     2.107360    -0.108726
2019-05-30   0.070011    -0.516443    -1.655689     0.246721
2019-05-25   0.187497     1.122150    -0.988277    -1.985934
2019-05-26   0.360803    -0.562243    -0.340693    -0.986988
2019-06-02   0.387023     1.706336    -2.452653     0.260466
2019-05-29   0.537438    -1.737568     0.714727    -0.939288
```

要基于特定索引进行排序，请将 axis 参数设置为 1：

```
print(df.sort_values('20190601', axis=1))
```

可以看到，DataFrame 现在根据索引为 2019-06-01(突出显示的值)的行进行排序(按升序排列)：

```
                     C            A            B            D
2019-05-25  -0.988277     0.187497     1.122150    -1.985934
2019-05-26  -0.340693     0.360803    -0.562243    -0.986988
2019-05-27  -0.452978    -0.040627     0.067333     0.686223
2019-05-28   0.252265    -0.279572    -0.702492     0.958977
2019-05-29   0.714727     0.537438    -1.737568    -0.939288
2019-05-30  -1.655689     0.070011    -0.516443     0.246721
2019-05-31   2.107360     0.001268     0.951517    -0.108726
2019-06-01  -0.686285    -0.185258     0.856520     1.104195
2019-06-02  -2.452653     0.387023     1.706336     0.260466
2019-06-03  -0.945219    -1.054974     0.556775    -0.030295
```

3.3.10　将函数应用于 DataFrame

还可使用 apply()函数将函数应用于 DataFrame 中的值。首先，定义如下两个 lambda 函数：

```
import math
sq_root = lambda x: math.sqrt(x) if x > 0 else x
sq      = lambda x: x**2
```

第一个函数 sq_root()取值的平方根(假设它是一个正数)。第二个函数 sq()取值的平方。

需要注意，传递给 apply()函数的对象是 Series 对象，其索引要么是 DataFrame

的索引(axis=0)，要么是 DataFrame 的列(axis=1)。

现在，可以将这些函数应用到 DataFrame。首先，将 sq_root ()函数应用到 B 列：

```
print(df.B.apply(sq_root))
```

因为 df.B 的结果是一个 Series，所以可对它应用 sq_root()函数，它返回以下结果：

```
2019-05-25    1.029231
2019-05-26   -0.562243
2019-05-27    0.509398
2019-05-28   -0.702492
2019-05-29   -1.737568
2019-05-30   -0.516443
2019-05-31    0.987652
2019-06-01    0.962021
2019-06-02    1.142921
2019-06-03    0.863813
Freq: D, Name: B, dtype: float64
```

也可将 sq()函数应用于 df.B：

```
print(df.B.apply(sq))
```

结果如下：

```
2019-05-25    1.122150
2019-05-26    0.316117
2019-05-27    0.067333
2019-05-28    0.493495
2019-05-29    3.019143
2019-05-30    0.266713
2019-05-31    0.951517
2019-06-01    0.856520
2019-06-02    1.706336
2019-06-03    0.556775
Freq: D, Name: B, dtype: float64
```

如果将 sq_root()函数应用于 DataFrame，如下所示：

```
df.apply(sq_root)  # ValueError
```

会得到以下错误：

```
ValueError: ('The truth value of a Series is ambiguous. Use a.empty,
a.bool(), a.item(), a.any() or a.all().', 'occurred at index A')
```

这是因为在本例中，传递给 apply()函数的对象是一个 DataFrame，而不是一个 Series。有趣的是，可将 sq()函数应用于 DataFrame：

```
df.apply(sq)
```

输出如下：

```
                    A           B           C           D
2019-05-25   0.035155    1.259221    0.976691    3.943934
2019-05-26   0.130179    0.316117    0.116072    0.974145
2019-05-27   0.001651    0.004534    0.205189    0.470902
2019-05-28   0.078161    0.493495    0.063638    0.919637
2019-05-29   0.288840    3.019143    0.510835    0.882262
2019-05-30   0.004902    0.266713    2.741306    0.060871
2019-05-31   0.000002    0.905385    4.440966    0.011821
2019-06-01   0.034321    0.733627    0.470987    1.219247
2019-06-02   0.149787    2.911583    6.015507    0.067843
2019-06-03   1.112970    0.309998    0.893439    0.000918
```

如果想将 sq_root()函数应用到整个 DataFrame，可遍历列，并将函数应用到每一列：

```
for column in df:
    df[column] = df[column].apply(sq_root)
print(df)
```

结果如下：

```
                    A           B           C           D
2019-05-25   0.433009    1.059316   -0.988277   -1.985934
2019-05-26   0.600669   -0.562243   -0.340693   -0.986988
2019-05-27  -0.040627    0.259486   -0.452978    0.828386
2019-05-28  -0.279572   -0.702492    0.502260    0.979274
2019-05-29   0.733102   -1.737568    0.845415   -0.939288
2019-05-30   0.264596   -0.516443   -1.655689    0.496710
2019-05-31   0.035609    0.975457    1.451675   -0.108726
2019-06-01  -0.185258    0.925484   -0.686285    1.050807
2019-06-02   0.622112    1.306268   -2.452653    0.510359
2019-06-03  -1.054974    0.746174   -0.945219   -0.030295
```

apply()函数可应用于任意轴：index(0；对每一列应用函数)或 column(1；对每一行应用函数)。对于前述两个特殊 lambda 函数，将它应用到哪个轴并不重要，结果是相同的。然而，对于某些函数，将它应用到哪个轴很重要。例如，下面的语句使用 NumPy 中的 sum()函数，并将其应用于 DataFrame 的行：

```
print(df.apply(np.sum, axis=0))
```

本质上，就是将每一列中的所有值相加。输出如下：

```
A    1.128665
B    1.753438
C   -4.722444
D   -0.185696
dtype: float64
```

如果把 axis 设置为 1，如下：

```
print(df.apply(np.sum, axis=1))
```

每一行都会执行累加操作：

```
2019-05-25   -1.481886
2019-05-26   -1.289255
2019-05-27    0.594267
2019-05-28    0.499470
2019-05-29   -1.098339
2019-05-30   -1.410826
2019-05-31    2.354015
2019-06-01    1.104747
2019-06-02   -0.013915
2019-06-03   -1.284314
Freq: D, dtype: float64
```

3.3.11   在 DataFrame 中添加和删除行和列

到目前为止，前面的所有部分都涉及从 DataFrame 中提取行和列，以及如何对 DataFrame 进行排序。本节将重点讨论如何添加和删除 DataFrame 中的列。

考虑下面的代码片段，其中 DataFrame 是从字典中创建的：

```
import pandas as pd

data = {'name': ['Janet', 'Nad', 'Timothy', 'June', 'Amy'],
        'year': [2012, 2012, 2013, 2014, 2014],
        'reports': [6, 13, 14, 1, 7]}

df = pd.DataFrame(data, index =
        ['Singapore', 'China', 'Japan', 'Sweden', 'Norway'])
print(df)
```

DataFrame 如下所示：

```
             name    reports    year
Singapore    Janet         6    2012
```

```
China          Nad         13    2012
Japan          Timothy     14    2013
Sweden         June         1    2014
Norway         Amy          7    2014
```

1. 添加列

下面的代码片段展示了如何向 DataFrame 添加一个名为 school 的新列：

```
import numpy as np

schools = np.array(["Cambridge","Oxford","Oxford","Cambridge",
"Oxford"])
df["school"] = schools
print(df)
```

得到的 DataFrame 如下：

```
                name    reports      year      school
Singapore      Janet          6      2012    Cambridge
China            Nad         13      2012       Oxford
Japan        Timothy         14      2013       Oxford
Sweden          June          1      2014    Cambridge
Norway           Amy          7      2014       Oxford
```

2. 删除行

要删除一个或多个行，请使用 drop()函数。以下代码片段删除索引值为 China 和 Japan 的两行：

```
print(df.drop(['China', 'Japan'])) # drop rows based on value of
index
```

下面的输出证明删除了这两行：

```
                name    reports      year      school
Singapore      Janet          6      2012    Cambridge
Sweden          June          1      2014    Cambridge
Norway           Amy          7      2014       Oxford
```

提示：

与 sort_ index()函数类似，默认情况下 drop()函数不影响原始 DataFrame。如果希望修改原始 DataFrame，请使用 inplace 参数。

如果想根据特定的列值删除一行，请指定列名和条件，如下所示：

```
print(df[df.name != 'Nad'])    # drop row based on column value
```

前面的语句删除名为 Nad 的行:

```
                name    reports    year       school
Singapore      Janet          6    2012    Cambridge
Japan        Timothy         14    2013       Oxford
Sweden          June          1    2014    Cambridge
Norway           Amy          7    2014       Oxford
```

还可以根据行号删除行:

```
print(df.drop(df.index[1]))
```

上面的语句删除了行 1 (第二行):

```
                name    reports    year        school
Singapore      Janet          6    2012     Cambridge
Japan        Timothy         14    2013        Oxford
Sweden          June          1    2014     Cambridge
Norway           Amy          7    2014        Oxford
```

因为 df.index[1]返回 China,所以前面的语句等价于 df.drop['China']。
如果要删除多行,请指定以列表形式表示的行号:

```
print(df.drop(df.index[[1,2]]))    # remove the second and
third row
```

上面的语句删除了行 1 和 2(第二行和第三行):

```
                name    reports    year       school
Singapore      Janet          6    2012    Cambridge
Sweden          June          1    2014    Cambridge
Norway           Amy          7    2014       Oxford
```

下面删除倒数第二行:

```
print(df.drop(df.index[-2]))       # remove second last row
```

输出如下:

```
                name    reports    year        school
Singapore      Janet          6    2012     Cambridge
China            Nad         13    2012        Oxford
Japan        Timothy         14    2013        Oxford
Norway           Amy          7    2014        Oxford
```

3. 删除列

drop()函数默认情况下删除行,而若想删除列,可将 axis 参数设置为 1,如下:

```
print(df.drop('reports', axis=1))  # drop column
```

上面的语句删除了 reports 列：

```
                name      year        school
Singapore     Janet      2012      Cambridge
China           Nad      2012         Oxford
Japan       Timothy      2013         Oxford
Sweden         June      2014      Cambridge
Norway          Amy      2014         Oxford
```

如果要按列号删除，请使用 columns 索引器指定列号：

```
print(df.drop(df.columns[1], axis=1)) # drop using columns number
```

这将删除第二列(reports)：

```
                name      year        school
Singapore     Janet      2012      Cambridge
China           Nad      2012         Oxford
Japan       Timothy      2013         Oxford
Sweden         June      2014      Cambridge
Norway          Amy      2014         Oxford
```

还可以删除多个列：

```
print(df.drop(df.columns[[1,3]], axis=1)) # drop multiple columns
```

这将删除第二和第四列(reports 和 school)：

```
                name      year
Singapore     Janet      2012
China           Nad      2012
Japan       Timothy      2013
Sweden         June      2014
Norway          Amy      2014
```

3.3.12 生成交叉表

在统计学中，交叉表用于聚合和联合显示两个或多个变量的分布。它显示了这些变量之间的关系。考虑下面的例子：

```
df = pd.DataFrame(
    {
        "Gender": ['Male','Male','Female','Female','Female'],
        "Team" : [1,2,3,3,1]
    })
```

```
print(df)
```

这里，使用字典创建一个 DataFrame。DataFrame 打印出来后，会看到以下内容：

```
   Gender  Team
0    Male     1
1    Male     2
2  Female     3
3  Female     3
4  Female     1
```

这个 DataFrame 显示了每个人的性别以及这个人所属的团队。使用交叉表，可以汇总数据，生成一个表来显示每个团队的性别分布。为此，可以使用 crosstab() 函数：

```
print("Displaying the distribution of genders in each team")
print(pd.crosstab(df.Gender, df.Team))
```

输出如下：

```
Displaying the distribution of genders in each team

Team      1   2   3
Gender
Female    1   0   2
Male      1   1   0
```

如果想看到每个团队的性别分布，只需要将参数反过来：

```
print(pd.crosstab(df.Team, df.Gender))
```

输出如下：

```
Gender  Female  Male
Team
1            1     1
2            0     1
3            2     0
```

3.4 本章小结

本章介绍了如何使用 Pandas 表示表格数据。讨论了两个主要的 Pandas 数据结构 Series 和 DataFrame。作者试图让这些内容变得简单，并展示在这些数据结构上执行的一些最常见操作。由于从 DataFrame 中提取行和列非常常见，所以在表 3.1 中总结了其中的一些操作。

表 3.1 常见的 DataFrame 操作

描 述	示 例 代 码
使用行号提取一个范围的行	df[2:4]
	df.iloc[2:4]
使用行号提取一行	df.iloc[2]
提取一个范围的行和一个范围的列	df.iloc[2:4, 1:4]
使用位置值提取一个范围的行和特定的列	df.iloc[2:4, [1,3]]
提取特定的行和列	df.iloc[[2,4], [1,3]]
使用标签提取一个范围的行	df[' 20190601 ' : ' 20190603 ']
根据标签提取一行	df.loc[' 20190601 ']
使用标签提取特定的行	df.loc[[date1,date2]]
使用标签提取特定的行和列	df.loc[[date1,date2], [' A ' , ' C ']]
	df.loc[[date1,date2], ' A ' : ' C ']
使用标签提取一个范围的行和列	df.loc[date1:date2, ' A ' : ' C ']

## 第 4 章

使用 matplotlib 显示数据

4.1 什么是 matplotlib?

俗话说:"一图胜万言"。在机器学习的世界里,这可能是最真实的。无论数据集是大还是小,都能可视化数据,并查看其中各种特性之间的关系,这通常是非常有用的(而且很多时候是必不可少的)。例如,给定一个数据集,其中包含一组学生及其家庭细节(如考试成绩、家庭收入、父母的教育背景等),就可能想要在学生的成绩与他们的家庭收入之间建立关系。最好的方法是绘制一个显示相关数据的图表。一旦图表被绘制出来,就可以用它来得出自己的结论,并确定这些结果是否与家庭收入有积极的关系。

在 Python 中,最常用的绘图工具之一是 matplotlib。matplotlib 是一个 Python 2D 绘图库,可用它生成出版质量的图表和图形。使用 matplotlib 可以轻松生成复杂的图表和图形,它与 Jupyter Notebook 的集成使其成为机器学习的理想工具。

本章将学习 matplotlib 的基础知识。此外,还将了解 Seaborn,这是一个基于 matplotlib 的补充数据可视化库。

4.2 绘制折线图

为了解 matplotlib 的使用有多容易,下面使用 Jupyter Notebook 绘制一个折线

图。下面的代码片段绘制了一个折线图:

```
%matplotlib inline
import matplotlib.pyplot as plt

plt.plot(
    [1,2,3,4,5,6,7,8,9,10],
    [2,4.5,1,2,3.5,2,1,2,3,2]
)
```

图 4.1 为所绘制的折线图。

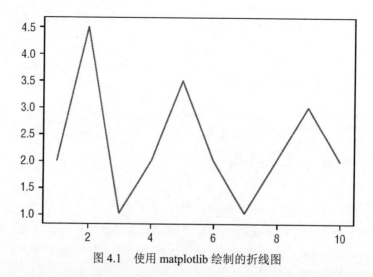

图 4.1　使用 matplotlib 绘制的折线图

第一个语句告诉 matplotlib 在前端(如 Jupyter Notebook)中显示绘图命令的输出。简而言之,它的意思是在 Jupyter Notebook 的同一页内显示图表:

```
%matplotlib inline
```

要使用 matplotlib,需要导入 pyplot 模块并将其命名为 plt(它常用的别名):

```
import matplotlib.pyplot as plt
```

要绘制折线图,可使用 pyplot 模块中的 plot()函数,为它提供两个参数,如下所示:

(1) 表示 x 轴的值列表

(2) 表示 y 轴的值列表

```
[1,2,3,4,5,6,7,8,9,10],
    [2,4.5,1,2,3.5,2,1,2,3,2]
```

运行这个图表时，它会显示在 Jupyter Notebook 上。

4.2.1　添加标题和标签

没有标题和标签的图表不能传达有意义的信息。Matplotlib 允许使用 title()、xlabel()和 ylabel()函数给轴添加标题和标签，如下：

```
%matplotlib inline
import matplotlib.pyplot as plt

plt.plot(
    [1,2,3,4,5,6,7,8,9,10],
    [2,4.5,1,2,3.5,2,1,2,3,2]
)
plt.title("Results")     # sets the title for the chart
plt.xlabel("Semester")   # sets the label to use for the x-axis
plt.ylabel("Grade")      # sets the label to use for the y-axis
```

图 4.2 显示的图表带有标题，x 轴和 y 轴的标签。

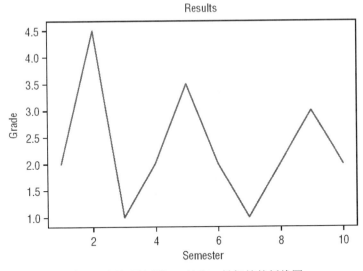

图 4.2　添加了标题、x 轴和 y 轴标签的折线图

4.2.2　样式

matplotlib 允许调整图形的各个方面，并创建美观的图表。然而，创建真正美观的图表和图表非常耗时。为帮助实现这一点，matplotlib 附带了一些预定义的样式。样式允许使用预定义的外观创建专业外观的图表，而不需要单独定制图表的

每个元素。

下面的例子使用了 ggplot 样式，该样式基于一个流行的数据可视化包，用于统计编程语言 R。

提示：

ggplot 中的 gg 来自 Leland Wilkinson 于 1999 年出版的具有里程碑意义的书籍《图形语法：统计与计算》。

```
%matplotlib inline
import matplotlib.pyplot as plt

from matplotlib import style
style.use("ggplot")

plt.plot(
    [1,2,3,4,5,6,7,8,9,10],
    [2,4.5,1,2,3.5,2,1,2,3,2]
)
plt.title("Results")        # sets the title for the chart
plt.xlabel("Semester")      # sets the label to use for the x-axis
plt.ylabel("Grade")         # sets the label to use for the y-axis
```

使用 ggplot 样式的图表如图 4.3 所示。

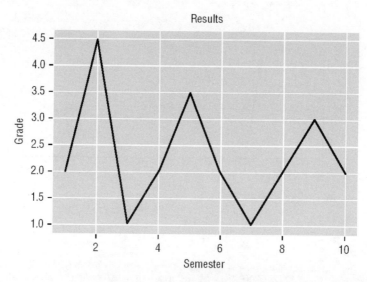

图 4.3　应用 ggplot 样式的图表

图 4.4 显示了应用 grayscale 样式的相同图表。

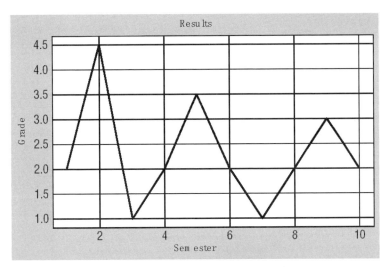

图 4.4 应用了 grayscale 样式的图表

可使用 style.available 属性查看支持的样式列表：

```
print(style.available)
```

下面是一个输出示例：

```
['seaborn-dark', 'seaborn-darkgrid', 'seaborn-ticks', 'fivethirtyeight',
'seaborn-whitegrid', 'classic', '_classic_test', 'fast', 'seaborn-talk',
'seaborn-dark-palette', 'seaborn-bright', 'seaborn-pastel', 'grayscale',
'seaborn-notebook', 'ggplot', 'seaborn-colorblind', 'seaborn-muted',
'seaborn', 'Solarize_Light2', 'seaborn-paper', 'bmh', 'seaborn-white',
'dark_background', 'seaborn-poster', 'seaborn-deep']
```

4.2.3 在同一图表中绘制多条线

再次调用 plot()函数，可在同一图表中绘制多条线，如下例所示：

```
%matplotlib inline
import matplotlib.pyplot as plt

from matplotlib import style
style.use("ggplot")

plt.plot(
    [1,2,3,4,5,6,7,8,9,10],
    [2,4.5,1,2,3.5,2,1,2,3,2]
)
```

```
plt.plot(
    [1,2,3,4,5,6,7,8,9,10],
    [3,4,2,5,2,4,2.5,4,3.5,3]
)

plt.title("Results")      # sets the title for the chart
plt.xlabel("Semester")    # sets the label to use for the x-axis
plt.ylabel("Grade")       # sets the label to use for the y-axis
```

图 4.5 显示了现在包含两条折线图的图表。

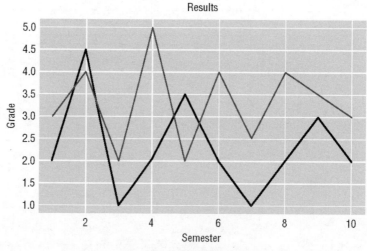

图 4.5　包含两条折线图的图表

4.2.4　添加图例

在图表中添加更多线条时，区分这些线条就变得更重要。此时就需要使用图例。使用前面的示例，可向每个折线图添加一个标签，然后使用 legend()函数显示一个图例，如下所示：

```
%matplotlib inline
import matplotlib.pyplot as plt

from matplotlib import style
style.use("ggplot")

plt.plot(
    [1,2,3,4,5,6,7,8,9,10],
    [2,4.5,1,2,3.5,2,1,2,3,2],
    label="Jim"
```

```
)

plt.plot(
    [1,2,3,4,5,6,7,8,9,10],
    [3,4,2,5,2,4,2.5,4,3.5,3],
    label="Tom"
)

plt.title("Results")      # sets the title for the chart
plt.xlabel("Semester")    # sets the label to use for the x-axis
plt.ylabel("Grade")       # sets the label to use for the y-axis
plt.legend()
```

图 4.6 显示了带有图例的图表。

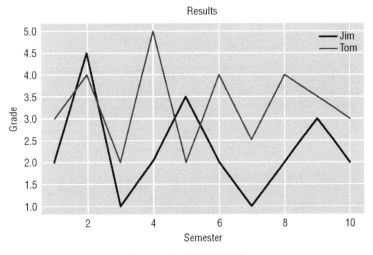

图 4.6　显示图例的图表

4.3　绘制柱状图

除了绘制折线图，还可使用 matplotlib 绘制柱状图。柱状图适用于比较数据。例如，希望能在几个学期内对学生成绩进行比较。

使用与上一节相同的数据集，可使用 bar()函数绘制柱状图，如下：

```
%matplotlib inline
import matplotlib.pyplot as plt
from matplotlib import style
```

```
style.use("ggplot")

plt.bar(
    [1,2,3,4,5,6,7,8,9,10],
    [2,4.5,1,2,3.5,2,1,2,3,2],
    label = "Jim",
    color = "m",                    # m for magenta
    align = "center"
)

plt.title("Results")
plt.xlabel("Semester")
plt.ylabel("Grade")

plt.legend()
plt.grid(True, color="y")
```

图 4.7 显示了使用前面的代码片段绘制的条形图。

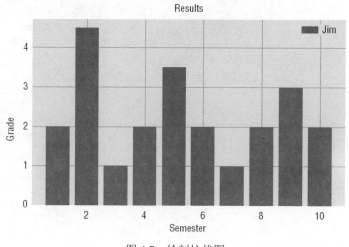

图 4.7 绘制柱状图

4.3.1 在图表中添加另一个柱状图

就像在图表中添加额外的折线图一样，也可在现有图表中添加另一个柱状图。如下面的粗体语句所示：

```
%matplotlib inline
import matplotlib.pyplot as plt
from matplotlib import style
```

```
style.use("ggplot")

plt.bar(
    [1,2,3,4,5,6,7,8,9,10],
    [2,4.5,1,2,3.5,2,1,2,3,2],
    label = "Jim",
    color = "m",                        # for magenta
    align = "center",
    alpha = 0.5
)

plt.bar(
    [1,2,3,4,5,6,7,8,9,10],
    [1.2,4.1,0.3,4,5.5,4.7,4.8,5.2,1,1.1],
    label = "Tim",
    color = "g",                        # for green
    align = "center",
    alpha = 0.5
)

plt.title("Results")
plt.xlabel("Semester")
plt.ylabel("Grade")

plt.legend()
plt.grid(True, color="y")
```

由于柱状图可能相互重叠，所以通过将 alpha 值设置为 0.5(使其半透明)来区分它们是很重要的。图 4.8 显示了同一图表中的两个柱状图。

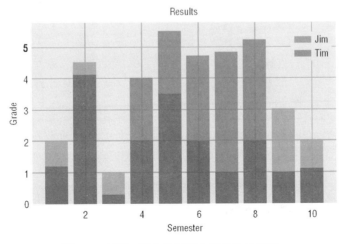

图 4.8   在同一图上绘制两个重叠的柱状图

4.3.2 更改刻度标签

到目前为止，在图表中，x 轴(横轴)上的刻度标签始终显示所提供的值(例如 2、4、6 等)。但如果 x 轴的刻度标签是如下的字符串形式，会如何呢?

```
rainfall = [17,9,16,3,21,7,8,4,6,21,4,1]
months = ['Jan','Feb','Mar','Apr','May','Jun',
          'Jul','Aug','Sep','Oct','Nov','Dec']
```

这种情况下，可能想直接绘制图表，如下:

```
%matplotlib inline
import matplotlib.pyplot as plt

rainfall = [17,9,16,3,21,7,8,4,6,21,4,1]
months = ['Jan','Feb','Mar','Apr','May','Jun',
          'Jul','Aug','Sep','Oct','Nov','Dec']

plt.bar(months, rainfall, align='center', color='orange' )
plt.show()
```

上面的代码片段将创建如图 4.9 所示的图表。

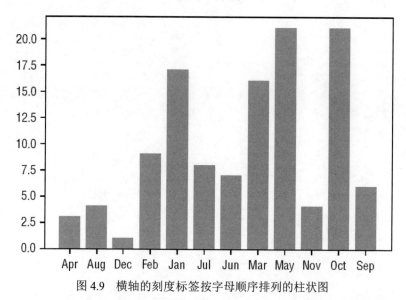

图 4.9   横轴的刻度标签按字母顺序排列的柱状图

仔细看 x 轴(横轴)：刻度标签按字母顺序排列，因此该图没有按正确的顺序显示 1～12 月的降雨量。要解决这个问题，创建一个与降雨量列表大小匹配的 range 对象，并使用它绘制图表。要确保月份标签在 x 轴上正确显示，请使用 xticks() 函数。

```
%matplotlib inline
import matplotlib.pyplot as plt

rainfall = [17,9,16,3,21,7,8,4,6,21,4,1]
months = ['Jan','Feb','Mar','Apr','May','Jun',
          'Jul','Aug','Sep','Oct','Nov','Dec']

plt.bar(range(len(rainfall)), rainfall, align='center',
color='orange' )
plt.xticks(range(len(rainfall)), months, rotation= ' vertical ' )
plt.show()
```

xticks()函数设置 x 轴上的刻度标签以及刻度的位置。在本例中，标签垂直显示，如图 4.10 所示。

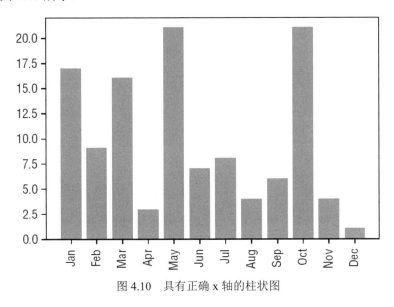

图 4.10　具有正确 x 轴的柱状图

4.4　绘制饼图

另一个流行的图表是饼状图。饼状图是一种圆形的统计图形，它被分成几个部分来说明数值比例。当显示数据的百分比或比例时，饼图很有用。请考虑以下代表不同浏览器市场份额的数据集：

```
labels     = ["Chrome", "Internet Explorer", "Firefox",
              "Edge","Safari", "Sogou Explorer","Opera","Others"]
marketshare = [61.64, 11.98, 11.02, 4.23, 3.79, 1.63, 1.52, 4.19]
```

这种情况下，能将整个市场份额表示为一个完整的圆是非常有益的，每部分表示每个浏览器所占的百分比。

下面的代码片段展示了如何使用拥有的数据绘制饼图：

```
%matplotlib inline
import matplotlib.pyplot as plt

labels         = ["Chrome", "Internet Explorer",
                  "Firefox", "Edge","Safari",
                  "Sogou Explorer","Opera","Others"]

marketshare = [61.64, 11.98, 11.02, 4.23, 3.79, 1.63, 1.52, 4.19]
explode     = (0,0,0,0,0,0,0,0)

plt.pie(marketshare,
        explode = explode,    # fraction of the radius with which to
                              # offset each wedge
        labels = labels,
        autopct="%.1f%%",     # string or function used to label the
                              # wedges with their numeric value
        shadow=True,
        startangle=45)        # rotates the start of the pie chart by
                              # angle degrees counterclockwise from the
                              # x-axis
plt.axis("equal")             # turns off the axis lines and labels
plt.title("Web Browser Marketshare - 2018")
plt.show()
```

图 4.11 显示了绘制的饼图。matplotlib 决定饼图中每个片的颜色。注意，本书是黑白印刷，图中不能显示色彩。

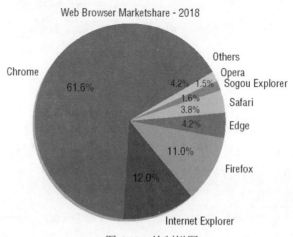

图 4.11　绘制饼图

4.4.1　分解各部分

explode 参数指定要偏移的每个部分的半径。在前面的例子中，将 explode 参数都设置为 0：

```
explode = (0,0,0,0,0,0,0,0)
```

假设需要突出 Firefox 和 Safari 浏览器的市场份额。这种情况下，可修改 explode 列表如下：

```
explode = (0,0,0.5,0,0.8,0,0,0)
```

刷新图表后，两个部分会从主饼图中分解出去(见图 4.12)。

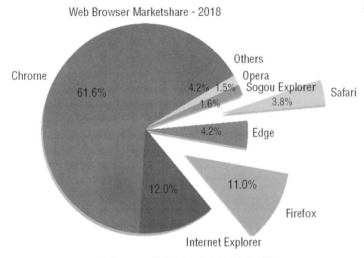

图 4.12　带有两个分解部分的饼图

4.4.2　显示自定义颜色

默认情况下，matplotlib 将决定饼图中每个部分使用的颜色。有时所选的颜色可能没有吸引力。当然可使用自己想要的颜色自定义要显示的图表。

可创建一个颜色列表，然后将其传递给 colors 参数：

```
%matplotlib inline
import matplotlib.pyplot as plt

labels      = ["Chrome", "Internet Explorer",
               "Firefox", "Edge","Safari",
               "Sogou Explorer","Opera","Others"]
```

```
marketshare = [61.64, 11.98, 11.02, 4.23, 3.79, 1.63, 1.52, 4.19]
explode     = (0,0,0.5,0,0.8,0,0,0)
colors      = [ ' yellowgreen ' , ' gold ' , ' lightskyblue ' , '
lightcoral ' ]

plt.pie(marketshare,
        explode = explode,  # fraction of the radius with which to
                            # offset each wedge
        labels = labels,
        colors = colors,
        autopct="%.1f%%",  # string or function used to label the
                            # wedges with their numeric value
        shadow=True,
        startangle=45)     # rotates the start of the pie chart by
                            # angle degrees counterclockwise from the
                            # x-axis
plt.axis("equal")          # turns off the axis lines and labels
plt.title("Web Browser Marketshare - 2018")
plt.show()
```

因为分解的部分比指定的颜色多，所以颜色将被回收。图 4.13 显示了带有新颜色的饼图(本书是黑白印刷，无法显示色彩，后同)。

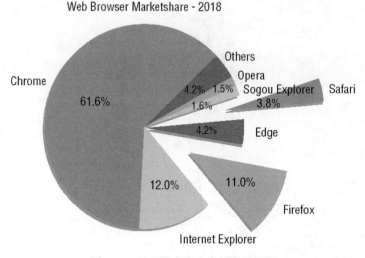

图 4.13　显示带有自定义颜色的饼图

4.4.3　旋转饼状图

注意，startangle 参数设置为 45。此参数指定了将饼图起始位置从 x 轴逆时针旋转的角度。图 4.14 显示了将 startangle 设置为 0 与 45 的效果。

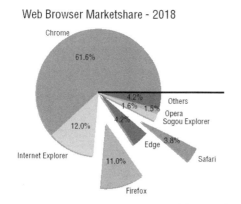
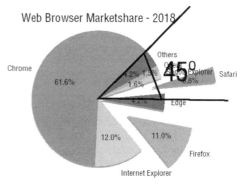

图 4.14　设置饼图的起始角

4.4.4　显示图例

与折线图和柱状图一样，也可在饼图中显示图例。但在此之前，需要处理 pie() 函数的返回值：

```
pie = plt.pie(marketshare,
        explode = explode,   # fraction of the radius with which to
                             # offset each wedge
        labels = labels,
        colors = colors,
        autopct="%.1f%%",    # string or function used to label the
                             # wedges with their numeric value
        shadow=True,
        startangle=45)       # rotates the start of the pie chart by
                             # angle degrees counterclockwise from the
                             # x-axis
```

pie() 函数返回一个包含以下值的元组。

- patches：matplotlib.patch.Wedge 实例的列表。
- text：matplotlib.text.Text 实例的列表。
- autotext：数字标签的 Text 实例列表。如果参数 autopct 不为 None，则返回它。

要显示图例，请使用 legend() 函数，如下：

```
plt.axis("equal")             # turns off the axis lines and labels
plt.title("Web Browser Marketshare - 2018")
plt.legend(pie[0], labels, loc="best")
```

```
plt.show()
```

图 4.15 显示了饼图上的图例。

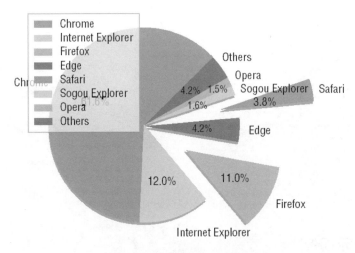

图 4.15　在饼图上显示图例

提示：

如果 autopct 参数未设置为 None，则 pie()函数返回元组(patch text autotext)。

图例的定位可通过 loc 参数进行修改。它可接受字符串值或整数值。表 4.1 显示了可用于 loc 参数的各种值。

表 4.1　位置字符串及其对应的位置代码

位置字符串	位置代码
'best'	0
'upper right'	1
'upper left'	2
'lower left'	3
'lower right'	4
'right'	5
'center left'	6
'center right'	7
'lower center'	8
'upper center'	9
'center'	10

4.4.5　保存图表

到目前为止，我们一直在浏览器中显示图表。有时，将图像保存到磁盘是很有用的。为此可使用 savefig()函数，如下：

```
%matplotlib inline
import matplotlib.pyplot as plt

labels     = ["Chrome", "Internet Explorer",
              "Firefox", "Edge","Safari",
              "Sogou Explorer","Opera","Others"]

...
plt.axis("equal")          # turns off the axis lines and labels
plt.title("Web Browser Marketshare - 2018")
plt.savefig("Webbrowsers.png", bbox_inches="tight")
plt.show()
```

将 bbox_inches 参数设置为 tight，可删除图形周围所有多余的空白。

4.5　绘制散点图

散点图是一种二维图表，使用点或其他形状代表两个不同变量的值。散点图通常用来显示一个变量的值受另一个变量影响的程度。

下面的代码片段显示了一个散点图，x 轴包含从 1 到 4 的数字列表，y 轴显示了 x 值的立方：

```
%matplotlib inline
import matplotlib.pyplot as plt

plt.plot([1,2,3,4],        # x-axis
         [1,8,27,64],      # y-axis
         'bo')             # blue circle marker
plt.axis([0, 4.5, 0, 70]) # xmin, xmax, ymin, ymax
plt.show()
```

图 4.16 显示了散点图。

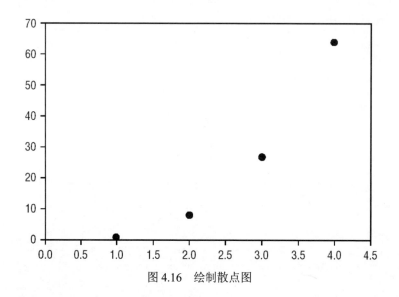

图 4.16　绘制散点图

4.5.1　合并图形

可将多个散点图合并到一个图表中，如下所示：

```
%matplotlib inline
import matplotlib.pyplot as plt

import numpy as np

a = np.arange(1,4.5,0.1)   # 1.0, 1.1, 1.2, 1.3...4.4
plt.plot(a, a**2, 'y^',    # yellow triangle_up marker
         a, a**3, 'bo',    # blue circle
         a, a**4, 'r--',)  # red dashed line

plt.axis([0, 4.5, 0, 70]) # xmin, xmax, ymin, ymax
plt.show()
```

图 4.17 显示了包含三个散点图的图表。可自定义要在散点图上绘制的点的形状。例如，y^表示黄色三角形标记，bo 表示蓝色圆圈(注意，本书为黑白印刷，图中未显示颜色)，等等。

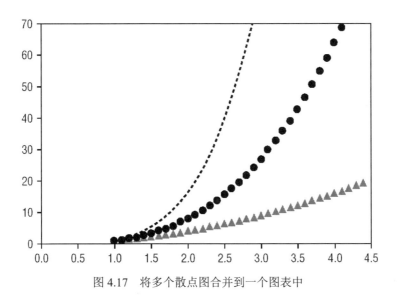

图 4.17　将多个散点图合并到一个图表中

4.5.2　子图

也可单独绘制多个散点图，并将它们组合成为一个图：

```
%matplotlib inline
import matplotlib.pyplot as plt
import numpy as np

a = np.arange(1,5,0.1)

plt.subplot(121)        # 1 row, 2 cols, chart 1
plt.plot([1,2,3,4,5],
        [1,8,27,64,125],
        'y^')

plt.subplot(122)        # 1 row, 2 cols, chart 2
plt.plot(a, a**2, 'y^',
        a, a**3, 'bo',
        a, a**4, 'r--',)

plt.axis([0, 4.5, 0, 70]) # xmin, xmax, ymin, ymax
plt.show()
```

图 4.18 是在一个图中显示的两个图表。

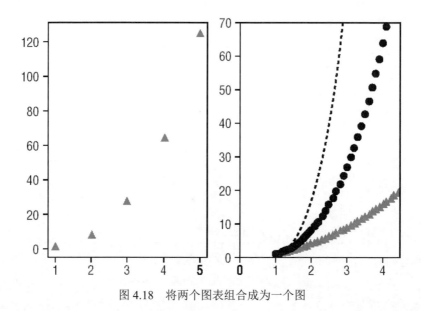

图 4.18　将两个图表组合成为一个图

subplot()函数将子图添加到当前图中。它的一个参数采用如下格式：nrow,ncols,index。在前面的示例中，121 表示"一行、两列和图表 1"。采用这种格式，最多可有 9 个图表。也可以通过以下语法调用 subplot()函数：

```
plt.subplot(1,2,1)        # 1 row, 2 cols, chart 1
```

提示：

scatter()函数绘制没有连线的点，而 plot()函数可以绘制线，也可以不绘制线，这取决于参数。

4.6　使用 Seaborn 绘图

虽然 matplotlib 允许绘制许多有趣的图表，但是要得到想要的图表，需要一些努力。如果处理的数据很多，还要检查多个变量之间的关系，这一点尤其重要。

Seaborn 是一种基于 matplotlib 数据可视化库的补充绘图库。Seaborn 的优势在于它能用 Python 生成统计图形，并与 Pandas 数据结构紧密集成(在第 3 章中介绍)。简而言之，使用 Seaborn 编写的代码比 matplotlib 少，还可以得到更复杂的图表。

4.6.1　显示分类图

要绘制的第一个示例称为分类图(以前称为因子图)。想要绘制特定数据组的分布时，它非常有用。假设有一个名为 drivinglicensev 的 CSV 文件，它包含以下数据：

```
gender,group,license
men,A,1
men,A,0
men,A,1
women,A,1
women,A,0
women,A,0
men,B,0
men,B,0
men,B,0
men,B,1
women,B,1
women,B,1
women,B,1
women,B,1
```

这个 CSV 文件显示了男性和女性在 A 和 B 两组中的分布情况，其中 1 表示此人拥有驾照，0 表示没有驾照。如果任务是绘制一个图表来显示每一组拥有驾照的男性和女性的比例，就可以使用 Seaborn 的分类图。

首先导入相关模块：

```
import matplotlib.pyplot as plt
import seaborn as sns
import pandas as pd
```

将数据加载到 Pandas 的 DataFrame 中：

```
#---load data---
data = pd.read_csv('drivinglicense.csv')
```

调用 catplot()函数的参数如下：

```
#---plot a factorplot---
g = sns.catplot(x="gender", y="license", col="group",
        data=data, kind="bar", ci=None, aspect=1.0)
```

通过 data 参数传入 DataFrame，并将 gender 指定为 x 轴。y 轴表示持有驾照的男性和女性的比例，因此将 y 设为 license。希望根据组将图表分成两组，因此将 col 设置为 group。

接下来，在图表上设置标签：

```
#---set the labels---
g.set_axis_labels("", "Proportion with Driving license")
g.set_xticklabels(["Men", "Women"])
g.set_titles("{col_var} {col_name}")

#---show plot---
plt.show()
```

图 4.19 显示了由 Seaborn 绘制的分类图。可以看出，在 A 组中 2/3 的男性和 1/3 的女性拥有驾照，而在 B 组中，1/4 的男性和所有女性都拥有驾照。

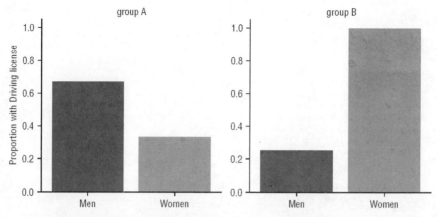

图 4.19　这个因子图显示了每个组中持有驾照的男性和女性的分布情况

下面是另一个 catplot 的例子。使用 Titanic 数据集绘制一个图表，看看男性、女性和儿童在这三个类别中的存活率。

提示：

Seaborn 有一个内置的数据集，可使用 load_dataset()函数直接加载它。要查看可以加载的数据集名称，可使用 sns.get_dataset_names()函数。或者，如果想下载数据集供离线使用，请查看 https://github.com/mwaskom/seaborn-data，注意需要有 Internet 连接，因为 load_dataset()函数从在线存储库中加载指定的数据集。

```
import matplotlib.pyplot as plt
import seaborn as sns

titanic = sns.load_dataset("titanic")
g = sns.catplot(x="who", y="survived", col="class",
        data=titanic, kind="bar", ci=None, aspect=1)
```

```
g.set_axis_labels("", "Survival Rate")
g.set_xticklabels(["Men", "Women", "Children"])
g.set_titles("{col_name} {col_var}")

#---show plot---
plt.show()
```

图 4.20 显示了基于类的数据分布。可以看出，如果妇女和儿童在头等舱和二
等舱，就有较高的生存机会。

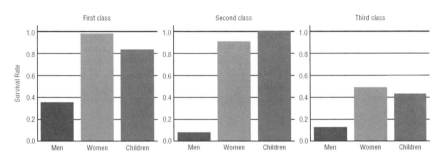

图 4.20　一个因子图，显示了 Titanic 数据集中每个客舱类别中的男性、女性和儿童的存活率

4.6.2　显示 lmplot

另一个在 Seaborn 中常用的图是 lmplot。lmplot 是散点图。使用来自 Seaborn
的另一个内置数据集，可以绘制鸢尾植物花瓣宽度和花瓣长度之间的关系，并用
它来确定鸢尾植物的类型：setosa、versicolor 或 virginica。

```
import seaborn as sns
import matplotlib.pyplot as plt

#---load the iris dataset---
iris = sns.load_dataset("iris")

#---plot the lmplot---
sns.lmplot('petal_width', 'petal_length', data=iris,
           hue='species', palette='Set1',
           fit_reg=False, scatter_kws={"s": 70})

#---get the current polar axes on the current figure---
ax = plt.gca()
ax.set_title("Plotting using the Iris dataset")

#---show the plot---
```

```
plt.show()
```

图 4.21 显示了使用 lmplot()函数创建的散点图。

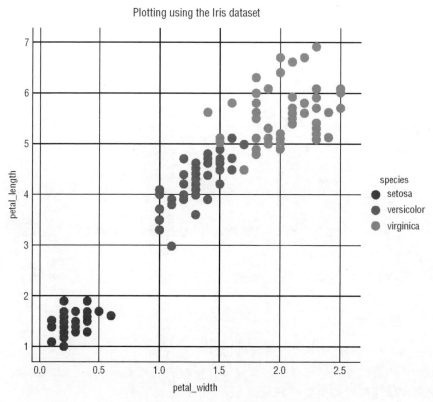

图 4.21　显示鸢尾植物数据集花瓣长度和宽度之间关系的 lmplot

4.6.3　显示 swarmplot

swarmplot 是具有非重叠点的分类散点图。它对于发现数据集中数据点的分布很有用。考虑下面的 CSV 文件 salary.csv，包含以下内容:

```
gender,salary
men,100000
men,120000
men,119000
men,77000
men,83000
men,120000
men,125000
women,30000
```

```
women,140000
women,38000
women,45000
women,23000
women,145000
women,170000
```

我们想要显示男性和女性的工资分布。这种情况下，swarmplot 是最理想的。如下面的代码片段所示：

```
import matplotlib.pyplot as plt
import seaborn as sns
import pandas as pd

sns.set_style("whitegrid")

#---load data---
data = pd.read_csv('salary.csv')

#---plot the swarm plot---
sns.swarmplot(x="gender", y="salary", data=data)

ax = plt.gca()
ax.set_title("Salary distribution")

#---show plot---
plt.show()
```

图 4.22 显示，在这一组中，虽然女性的工资最高，但收入差距也是最大的。

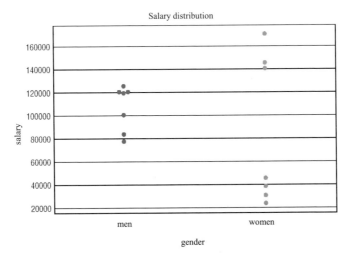

图 4.22　显示男性和女性工资分布的 swarmplot

4.7　本章小结

　　本章学习了如何使用 matplotlib 来绘制不同类型的图表，这些图表对于在数据集中发现模式和关系非常有用。Seaborn 是一个互补的绘图库，它简化了绘制更复杂图表的过程。虽然本章不包含可以使用 matplotlib 和 Seaborn 绘制的全部图表列表，但是后续章节将提供更多示例和用法。

## 第 5 章

使用 Scikit–learn 开始机器学习

5.1 Scikit-learn 简介

第 2～4 章讲述了如何使用 Python、NumPy 和 Pandas 等库来执行数字处理、数据可视化和分析。对于机器学习，还可以使用这些库来构建自己的学习模型。然而，这样做需要对各种机器学习算法的数学基础有很透彻的理解——这不是一件小事。

幸运的是，已经有人完成了这项艰苦的工作，我们不需要手工实现各种机器学习算法。Scikit-learn 是一个 Python 库，它实现了各种类型的机器学习算法，比如分类、回归、聚类、决策树等。使用 Scikit-learn，实现机器学习现在只是调用一个带有适当数据的函数，以便用户适应和训练模型。

本章首先介绍各种可以获得示例数据集的场所，以帮助你了解如何执行机器学习。然后讲述如何使用 Scikit-learn 在简单的数据集上执行简单的线性回归。最后介绍如何执行数据清理。

5.2 获取数据集

通常，机器学习的挑战之一是获取用于实验的样本数据集。在机器学习中，刚开始学习一个算法时，从一个简单的数据集开始通常是有用的，因为可以自己创建这个数据集，来测试算法是否按照自己的理解正确地工作。一旦完成了这个阶段，就可以处理大型数据集了，为此需要找到相关的源，以使机器学习模型尽可能真实。

可从如下位置得到样本数据集，来实践机器学习：

- Scikit-learn 的内置数据集
- Kaggle 数据集
- UCI(加州大学欧文分校)机器学习资源库

下面将分别讨论它们。

5.2.1 使用 Scikit-learn 数据集

Scikit-learn 附带了一些标准的样本数据集，这就使机器学习变得很容易掌握。要加载示例数据集，请导入数据集模块并加载所需的数据集。例如，下面的代码片段加载 Iris 数据集。

```
from sklearn import datasets
iris = datasets.load_iris()    # raw data of type Bunch
```

提示：

鸢尾花数据集或 Fisher's Iris 数据集是由英国统计学家和生物学家 Ronald Fisher 建立的多元数据集。该数据集由三种鸢尾(setosa、virginica 和 versicolor)各 50 个样本组成。每个样本测量四个特征：萼片和花瓣的长度和宽度，以厘米为单位。基于这四个特征的结合，Fisher 建立了一个线性判别模型来区分鸢尾的品种。

加载的数据集表示为一个 Bunch 对象，这是一个 Python 字典，提供了属性样式的访问。可使用 DESCR 属性获得数据集的描述：

```
print(iris.DESCR)
```

然而，更重要的是，可使用 data 属性获得数据集的特性：

```
print(iris.data)               # Features
```

上面的语句输出如下内容：

```
[[ 5.1 3.5 1.4 0.2]
 [ 4.9 3. 1.4 0.2]
  ...
 [ 6.2 3.4 5.4 2.3]
 [ 5.9 3. 5.1 1.8]]
```

也可以使用 feature_names 属性来输出特征的名称：

```
print(iris.feature_names)      # Feature Names
```

上面的语句输出如下内容：

```
['sepal length (cm)', 'sepal width (cm)',
'petal length (cm)', 'petal width (cm)']
```

这意味着数据集包含四列：萼片长度、萼片宽度、花瓣长度和花瓣宽度。如果想知道花瓣和萼片是什么，图 5.1 显示了 Ludwigia octovalvis 的花朵，其中包含花瓣和萼片(来源：https://en.wikipedia.org/wiki/Sepal)。

图 5.1　一朵花的花瓣和萼片

要打印数据集的标签，请使用 target 属性。对于标签名称，使用 target_names属性：

```
print(iris.target)           # Labels
print(iris.target_names)     # Label names
```

输出如下：

```
[0 0 0 0 0 0 0 0 0 0 0 0 0 0 0 0 0 0 0 0 0 0 ... 2 2 2 2 2 2
2 2]
['setosa' 'versicolor' 'virginica']
```

在本例中，0 表示 setosa，1 表示 versicolor，2 表示 virginica。

提示：

注意，并非所有 Scikit-learn 中的示例数据集都支持 feature_names 和 target_names 属性。

图 5.2 总结了数据集。

萼片长度	萼片宽度	花瓣长度	花瓣宽度	目标
5.1	3.5	1.4	0.2	0
4.9	3.0	1.4	0.2	0
…	…	…	…	…
5.9	3.0	5.1	1.8	2

0 代表 setosa，1 代表 versicolor，2 代表 virginica

图 5.2 Iris 数据集中的字段及其目标

通常，将数据转换为 Pandas 数据帧是很有用的，这样就可以轻松地操作它：

```
import pandas as pd
df = pd.DataFrame(iris.data)     # convert features
                                 # to dataframe in Pandas
print(df.head())
```

这些语句的输出如下：

```
     0    1    2    3
0  5.1  3.5  1.4  0.2
1  4.9  3.0  1.4  0.2
2  4.7  3.2  1.3  0.2
3  4.6  3.1  1.5  0.2
4  5.0  3.6  1.4  0.2
```

除了 Iris 数据集外，还可在 Scikit-learn 中加载一些有趣的数据集，例如：

```
# data on breast cancer
breast_cancer = datasets.load_breast_cancer()

# data on diabetes
diabetes = datasets.load_diabetes()

# dataset of 1797 8x8 images of hand-written digits
digits = datasets.load_digits()
```

有关 Scikit-learn 数据集的更多信息，请访问 http://scikit-learn.org/stable/datasets/index.html 查看文档。

5.2.2 使用 Kaggle 数据集

Kaggle 是世界上最大的数据科学家和机器学习者社区。Kaggle 最初是一个提供机器学习竞赛的平台，现在也提供了一个公共数据平台，以及一个为数据科学家提供的基于云的工作台。谷歌于 2017 年 3 月收购了 Kaggle。

对于机器学习的学习者，可以使用 Kaggle 提供的示例数据集，网址是 https://www.kaggle.com/datasets/。一些有趣的数据集如下。

- 女鞋价格：1 万双女鞋及其售价表(https://www.kaggle.com/datafiniti/womens-shoe-Prices)。
- 摔倒检测数据：老年患者的活动及其医疗信息(https://www.kaggle.com/pitasr/falldata)。
- 纽约房产销售：纽约房地产市场一年的房产销售(https://www.kaggle.com/new-yor-city/nyc-Property-Sales#NYC -rolling-sales.csv)。
- 美国航班延误：2016 年航班延误(https://www.kaggle.com/niranjan0272/us-flight-delay)。

5.2.3 使用 UCI 机器学习存储库

UCI(加州大学欧文分校)机器学习知识库(https://archive.ics.uci.edu/ml/datasets.html)是机器学习社区的数据库、领域理论和数据生成器的集合，用于机器学习算法的实证分析。下面列出一些有趣的数据集。

- 汽车 MPG 数据集：关于不同类型汽车的燃油效率的数据集(https://archive.ics.uci.edu/ml/datasets/Auto+MPG)。
- 学生成绩数据集：预测学生在中学(高中)的成绩(https://archive.ics.uci.edu/ml/datasets/ student +成绩)。
- 普查收入数据集：基于人口普查数据，预测收入是否超过每年 5 万美元(https://archive.ics.uci.edu/ml/datasets/census+income)。

5.2.4 生成自己的数据集

如果找不到适合实验的数据集，为什么不自己生成一个呢？来自 Scikit-learn 库的 sklearn.datasets.samples_generator 模块包含许多函数，允许为不同类型的问题生成不同类型的数据集。可用它来生成不同版本的数据集，下面列出几个例子。

- 线性分布数据集
- 集群数据集

- 以循环方式发布的集群数据集

1. 线性分布的数据集

make_regression()函数生成线性分布的数据。可指定想要的特征数量，以及应用于输出的高斯噪声的标准差：

```
%matplotlib inline
from matplotlib import pyplot as plt
from sklearn.datasets.samples_generator import make_regression

X, y = make_regression(n_samples=100, n_features=1, noise=5.4)
plt.scatter(X,y)
```

图 5.3 为生成数据集的散点图。

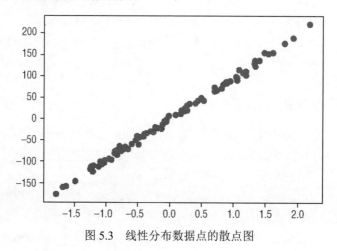

图 5.3　线性分布数据点的散点图

2. 集群的数据集

make_blobs()函数生成随机数据集群的数量。这在无监督学习中进行聚类时非常有用(参见第 9 章)。

```
%matplotlib inline
import matplotlib.pyplot as plt
import numpy as np
from sklearn.datasets import make_blobs

X, y = make_blobs(500, centers=3) # Generate isotropic Gaussian
                                  # blobs for clustering

rgb = np.array(['r', 'g', 'b'])
```

```
# plot the blobs using a scatter plot and use color coding
plt.scatter(X[:, 0], X[:, 1], color=rgb[y])
```

图 5.4 为生成的随机数据集的散点图。

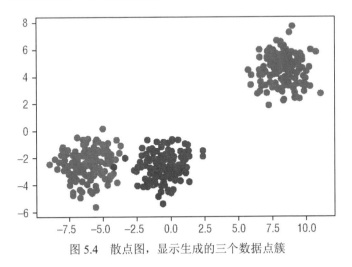

图 5.4 散点图，显示生成的三个数据点簇

3. 以循环方式分布的群集数据集

make_circles()函数生成一个随机数据集，该数据集在二维空间中包含一个大圆，其中嵌入一个小圆。这在使用 SVM(支持向量机)等算法进行分类时非常有用。SVM 在第 8 章中讨论。

```
%matplotlib inline
import matplotlib.pyplot as plt
import numpy as np
from sklearn.datasets import make_circles

X, y = make_circles(n_samples=100, noise=0.09)

rgb = np.array(['r', 'g', 'b'])
plt.scatter(X[:, 0], X[:, 1], color=rgb[y])
```

图 5.5 为生成的随机数据集的散点图。

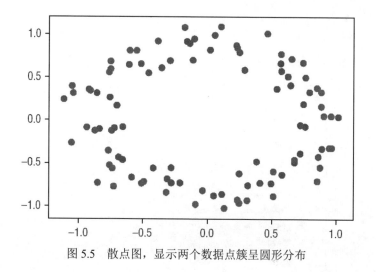

图 5.5　散点图，显示两个数据点簇呈圆形分布

5.3　Scikit-learn 入门

用 Scikit-learn 开始机器学习最简单的方法是从线性回归开始。线性回归是一种建模标量因变量 y 与一个或多个解释变量(或自变量)之间关系的线性方法。例如，假设有一组数据，包括一组人的身高(米)和相应的体重(公斤)。

```
%matplotlib inline
import matplotlib.pyplot as plt

# represents the heights of a group of people in meters
heights = [[1.6], [1.65], [1.7], [1.73], [1.8]]

# represents the weights of a group of people in kgs
weights = [[60], [65], [72.3], [75], [80]]

plt.title('Weights plotted against heights')
plt.xlabel('Heights in meters')
plt.ylabel('Weights in kilograms')

plt.plot(heights, weights, 'k.')

# axis range for x and y
plt.axis([1.5, 1.85, 50, 90])
plt.grid(True)
```

绘制体重与身高的关系图，如图 5.6 所示。

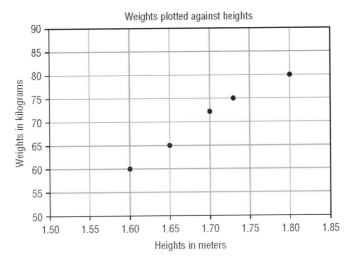

图 5.6　绘制一组人的身高与体重的关系图

从图表中可以看到，这群人的体重和身高之间存在着正相关关系。可以在这些点上画一条直线，然后用它来根据另一个人的身高预测其体重。

5.3.1　使用 LinearRegression 类对模型进行拟合

那么怎么画一条直线穿过所有的点呢？ Scikit-learn 库中有一个 LinearRegression 类，可以帮助实现这一点。只需要创建该类的一个实例，并通过 height 和 weights 列表使用 fit()函数创建一个线性回归模型，如下。

```
from sklearn.linear_model import LinearRegression

# Create and fit the model
model = LinearRegression()
model.fit(X=heights, y=weights)
```

提示：

注意，heights 和 weights 都表示为二维列表。这是因为 fit()函数要求 X 和 y 参数都是二维的(类型为 list 或 ndarray)。

5.3.2　进行预测

一旦对模型进行了拟合(训练)，就可以开始使用 predict()函数，如下所示。

```
# make prediction
weight = model.predict([[1.75]])[0][0]
print(round(weight,2))        # 76.04
```

在上面的例子中，想要预测身高 1.75 米的人的体重。根据模型，预测体重为 76.04kg。

提示：

在 Scikit-learn 中，通常使用 fit()函数来训练模型。一旦模型得到训练，就可以使用 predict()函数进行预测。

5.3.3 绘制线性回归线

将 LinearRegression 类创建的线性回归线可视化是很有用的。首先绘制原始数据点，然后将 heights 列表发送到模型以预测体重。接着绘制一系列预测的体重来得到这条线。下面的代码片段展示了如何做到这一点。

```
import matplotlib.pyplot as plt

heights = [[1.6], [1.65], [1.7], [1.73], [1.8]]
weights = [[60], [65], [72.3], [75], [80]]

plt.title('Weights plotted against heights')
plt.xlabel('Heights in meters')
plt.ylabel('Weights in kilograms')
plt.plot(heights, weights, 'k.')

plt.axis([1.5, 1.85, 50, 90])
plt.grid(True)

# plot the regression line
plt.plot(heights, model.predict(heights), color='r')
```

图 5.7 为线性回归线。

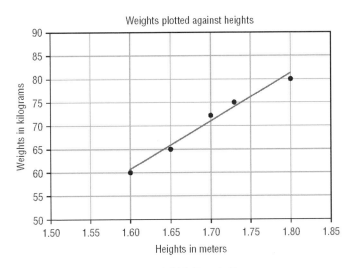

图 5.7　绘制线性回归线

5.3.4　得到线性回归线的斜率和截距

在图 5.7 中，我们并不清楚线性回归线与 y 轴的交点在什么位置。这是因为我们调整了 x 轴，从 1.5 开始绘图。更好的可视化方法是将 x 轴从 0 开始，并扩大 y 轴的范围。然后，通过输入身高的两个极值(0 和 1.8)绘制直线。下面的代码片段重新绘制了这些点和线性回归线。

```
plt.title('Weights plotted against heights')
plt.xlabel('Heights in meters')
plt.ylabel('Weights in kilograms')

plt.plot(heights, weights, 'k.')

plt.axis([0, 1.85, -200, 200])
plt.grid(True)

# plot the regression line
extreme_heights = [[0], [1.8]]
plt.plot(extreme_heights, model.predict(extreme_heights),
color='b')
```

图 5.8 现在显示了该线与 y 轴相交的点。

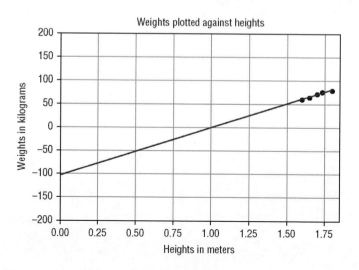

图 5.8　线性回归线

通过预测身高为 0 时的体重，可得到 y 轴截距：

```
round(model.predict([[0]])[0][0],2)   # -104.75
```

model 对象通过 intercept_ 属性直接提供答案：

```
print(round(model.intercept_[0],2))   # -104.75
```

使用 model 对象，还可通过 coef_ 属性得到线性回归线的斜率：

```
print(round(model.coef_[0][0],2))    # 103.31
```

5.3.5　通过计算残差平方和检验模型的性能

为了知道线性回归线是否适合所有的数据点，下面使用残差平方和(RSS)方法。图 5.9 显示了如何计算 RSS。

以下代码片段显示如何用 Python 计算 RSS。

```
import numpy as np

print('Residual sum of squares: %.2f' %
      np.sum((weights - model.predict(heights)) ** 2))
# Residual sum of squares: 5.34
```

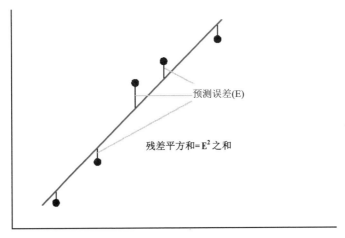

图 5.9　计算线性回归的残差平方和

RSS 应该尽可能小，0 表示回归线完全符合这些点(在现实世界中很少能实现)。

5.3.6　使用测试数据集评估模型

现在模型已经使用训练数据进行了训练，因此可以对它进行测试。假设有以下测试数据集：

```
# test data
heights_test = [[1.58], [1.62], [1.69], [1.76], [1.82]]
weights_test = [[58], [63], [72], [73], [85]]
```

我们可用 R 平方法测量测试数据与回归线的吻合程度。R 平方法也称为确定系数，或多元回归的多重确定系数。

计算 R 平方的公式如图 5.10 所示。

$$R^2 = 1 - \frac{\text{RSS}}{\text{TSS}}$$

$$\text{TSS} = \sum_{i=1}^{n} (y_i - \bar{y})^2$$

$$\text{RSS} = \sum_{i=1}^{n} (y_i - f(x_i))^2$$

图 5.10　R 平方的计算公式

使用 R 平方的公式，注意如下几点。

- R^2 是 R 平方
- TSS 是总平方和
- RSS 是残差平方和

现在可在 Python 中使用以下代码片段计算它。

```
# Total Sum of Squares (TSS)
weights_test_mean = np.mean(np.ravel(weights_test))
TSS = np.sum((np.ravel(weights_test) -
              weights_test_mean) ** 2)
print("TSS: %.2f" % TSS)

# Residual Sum of Squares (RSS)
RSS = np.sum((np.ravel(weights_test) -
              np.ravel(model.predict(heights_test)))
                ** 2)
print("RSS: %.2f" % RSS)

# R_squared
R_squared = 1 - (RSS / TSS)
print("R-squared: %.2f" % R_squared)
```

提示:

ravel()函数将二维列表转换为连续的扁平(一维)数组。

上述代码片段产生以下结果:

```
TSS: 430.80
RSS: 24.62
R-squared: 0.94
```

幸运的是,不需要自己手动计算 R 平方—— Scikit-learn 提供了 score()函数自动计算 R 平方:

```
# using scikit-learn to calculate r-squared
print('R-squared: %.4f' % model.score(heights_test,
                                       weights_test))

# R-squared: 0.9429
```

R 平方值为 0.9429(94.29%),表示非常适合测试数据。

5.3.7 持久化模型

一旦训练了一个模型,将它保存起来供以后使用通常是有用的。与每次测试新数据时都对模型进行再训练不同，保存的模型允许加载经过训练的模型，并立即进行预测，而不需要再次训练模型。

可通过以下两种方法，用 Python 保存训练过的模型：

- 使用 Python 中的标准 pickle 模块对对象进行序列化和反序列化。
- 使用 Scikit-learn 中的 joblib 模块,该模块进行了优化，可保存和加载处理 NumPy 数据的 Python 对象。

下面的第一个例子是使用 pickle 模块保存模型。

```
import pickle

# save the model to disk
filename = 'HeightsAndWeights_model.sav'
# write to the file using write and binary mode
pickle.dump(model, open(filename, 'wb'))
```

在前面的代码片段中，首先以 wb 模式打开一个文件(w 表示写入，b 表示二进制)。然后使用 pickle 模块中的 dump()函数将模型保存到文件中。

要从文件中加载模型，可使用 load()函数：

```
# load the model from disk
loaded_model = pickle.load(open(filename, 'rb'))
```

现在可以像往常一样使用这个模型：

```
result = loaded_model.score(heights_test,
                            weights_test)
```

使用 joblib 模块与使用 pickle 模块非常相似：

```
from sklearn.externals import joblib

# save the model to disk
filename = 'HeightsAndWeights_model2.sav'
joblib.dump(model, filename)

# load the model from disk
loaded_model = joblib.load(filename)
result = loaded_model.score(heights_test,
                            weights_test)
print(result)
```

5.4 数据清理

在机器学习中，需要执行的首要任务之一是数据清理。很少有数据集可以直接用于训练模型。相反，必须仔细检查数据，找出丢失值，要么删除它们，要么用一些有效值替换它们。如果列的值相差很大，则必须对它们进行规范化。以下部分显示了在清理数据时需要执行的一些常见任务。

5.4.1 使用 NaN 清理行

考虑一个名为 NaNDataset.csv 的 CSV 文件，该文件包含以下内容：

```
A,B,C
1,2,3
4,,6
7,,9
10,11,12
13,14,15
16,17,18
```

可发现有几行带有空字段。具体来说，第二行和第三行缺少第二列的值。对于小数据集，这很容易发现。而若数据集很大，就几乎不可能检测到。检测空行的有效方法是将数据集加载到 Pandas 的 DataFrame 中，然后使用 isnull()函数检查 DataFrame 中的空值。

```
import pandas as pd
df = pd.read_csv('NaNDataset.csv')
df.isnull().sum()
```

这段代码将生成以下输出：

```
A    0
B    2
C    0
dtype: int64
```

可以看到，列 B 有两个空值。当 Pandas 加载一个包含空值的数据集时，它使用 NaN 来表示那些空字段。下面是 DataFrame 打印的输出。

```
    A     B   C
0   1    2.0   3
1   4    NaN   6
2   7    NaN   9
3  10   11.0  12
```

```
4   13   14.0   15
5   16   17.0   18
```

1. 用列的均值替换 NaN

在数据集中处理 NaN 的一种方法是用所在列的平均值替换它们。下面的代码片段用 B 列的平均值替换 B 列中的所有 NaN。

DataFrame 现在看起来是这样的：

```
# replace all the NaNs in column B with the average of column B
df.B = df.B.fillna(df.B.mean())
print(df)
```

DataFrame 现在如下：

```
    A     B    C
0   1   2.0    3
1   4  11.0    6
2   7  11.0    9
3  10  11.0   12
4  13  14.0   15
5  16  17.0   18
```

2. 删除行

处理数据集中 NaN 的另一种方法是删除包含它们的行。为此可使用 dropna() 函数，如下：

```
df = pd.read_csv('NaNDataset.csv')
df = df.dropna()                        # drop all rows with NaN
print(df)
```

这段代码将生成以下输出：

```
    A     B    C
0   1   2.0    3
3  10  11.0   12
4  13  14.0   15
5  16  17.0   18
```

注意，删除包含 NaN 的行之后，索引就不再是按顺序排列了。如果需要重置索引，请使用 reset_index() 函数。

```
df = df.reset_index(drop=True) # reset the index
print(df)
```

带有重置索引的 DataFrame 现在如下。

```
     A     B    C
0    1   2.0    3
1   10  11.0   12
2   13  14.0   15
3   16  17.0   18
```

5.4.2　删除重复的行

考虑一个名为 duplicaterow.csv 的 CSV 文件，该文件包含以下内容：

```
A,B,C
1,2,3
4,5,6
4,5,6
7,8,9
7,18,9
10,11,12
10,11,12
13,14,15
16,17,18
```

要找到所有重复的行，首先将数据集加载到 DataFrame 中，然后使用 duplicated() 函数，如下所示：

```
import pandas as pd
df = pd.read_csv('DuplicateRows.csv')
print(df.duplicated(keep=False))
```

这将生成以下输出：

```
0  False
1   True
2   True
3  False
4  False
5   True
6   True
7  False
8  False
dtype: bool
```

它显示哪些行是重复的。在本例中，索引为 1、2、5 和 6 的行是重复的。keep 参数允许指定如何指示重复。

- 默认值为 first：除第一次出现外，所有重复都被标记为 True。
- last：除最后一次出现外，所有重复都被标记为 True。

- False：所有副本都被标记为 True。

因此，如果将 keep 设置为 first，输出如下：

```
0    False
1    False
2     True
3    False
4    False
5    False
6     True
7    False
8    False
dtype: bool
```

因此，如果希望看到所有重复的行，可将 keep 设置为 False，并使用 duplicated()
函数的结果作为 DataFrame 的索引：

```
print(df[df.duplicated(keep=False)])
```

上述语句将输出所有重复的行：

```
    A   B   C
1   4   5   6
2   4   5   6
5   10  11  12
6   10  11  12
```

要删除重复的行，可使用 drop_duplicates()函数，如下所示：

```
df.drop_duplicates(keep= ' first ' , inplace=True) # remove
duplicates and keep the first
print(df)
```

提示：

默认情况下，drop_duplicates()函数不会修改原始的 DataFrame，而是返回包
含删除行的 DataFrame。如果希望修改原始 DataFrame，可将 inplace 参数设置为
True，如前面的代码片段所示。

上述语句将输出以下内容：

```
    A   B   C
0   1   2   3
1   4   5   6
3   7   8   9
4   7   18  9
5   10  11  12
```

```
7  13  14  15
8  16  17  18
```

提示：

要删除所有重复项，将 keep 参数设置为 False。若要保留重复行的最后一次出现，可将 keep 参数设置为 last。

有时，只想删除数据集中某些列中的重复项。例如，如果查看一直使用的数据集，会发现对于第 3 行和第 4 行，A 列和 C 列的值是相同的：

```
   A    B   C
3  7    8   9
4  7   18   9
```

可通过指定 subset 参数来删除某些列中的重复项：

```
df.drop_duplicates(subset=['A', 'C'], keep='last',
                         inplace=True)  # remove all duplicates in
                                        # columns A and C and keep
                                        # the last
print(df)
```

本语句将生成以下内容：

```
    A    B    C
0   1    2    3
1   4    5    6
4   7   18    9
5  10   11   12
7  13   14   15
8  16   17   18
```

5.4.3 规范化列

规范化是数据清理过程中经常使用的一种技术。规范化的目的是更改数据集中数字列的值，以使用公共尺度，但不改变这些数字在值域中的差异。

规范化对于某些算法正确地建模数据是至关重要的。例如，数据集中的一列可能包含 0 到 1 之间的值，而另一列包含 40 万到 50 万之间的值。使用这两列来训练模型时，数字规模上的巨大差异可能带来问题。使用规范化，可保持两列值在有限范围内，且维持它们的比值不变。在 Pandas 中，可使用 MinMaxScaler 类将每一列缩放到特定的值域。

考虑一个名为 NormalizeColumns.csv 的 CSV 文件，该文件包含以下内容：

```
A,B,C
```

```
1000,2,3
400,5,6
700,6,9
100,11,12
1300,14,15
1600,17,18
```

下面的代码片段将把所有列的值缩放到(0,1)范围：

```
import pandas as pd
from sklearn import preprocessing

df = pd.read_csv('NormalizeColumns.csv')
x = df.values.astype(float)

min_max_scaler = preprocessing.MinMaxScaler()
x_scaled = min_max_scaler.fit_transform(x)
df = pd.DataFrame(x_scaled, columns=df.columns)
print(df)
```

输出如下：

```
     A        B        C
0  0.6  0.000000   0.0
1  0.2  0.200000   0.2
2  0.4  0.266667   0.4
3  0.0  0.600000   0.6
4  0.8  0.800000   0.8
5  1.0  1.000000   1.0
```

5.4.4　去除异常值

在统计学中，异常点是指与其他观测点距离较远的点。例如，给定一组值 234、267、1、200、245、300、199、250、8999 和 245。很明显，1 和 8999 是异常值。它们明显与其他值不同，"位于"数据集中大多数其他值之外；因此有了"异常值"这个词。异常值的出现主要是由于记录错误或实验错误造成的，在机器学习中，在训练模型之前删除异常值非常重要，如果不这样做，则可能扭曲模型。

有很多方法可去除异常值，本章讨论其中的两种：

- Tukey Fences
- Z-score

1. Tukey Fences

Tukey Fences 基于四分位数范围(IQR)。IQR 是一组值的第一和第三个四分位数之间的差值。第一个四分位数记作 Q1，是数据集中包含 25%以下值的值。第三个四分位数记作 Q3，是数据集中包含 25%以上值的值。因此，根据定义，IQR = Q3 - Q1。

图 5.11 展示的示例为具有偶数和奇数值的数据集获得 IQR。

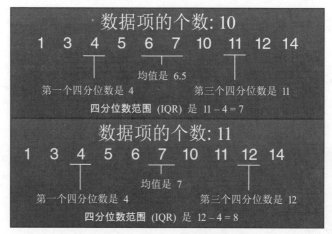

图 5.11　求四分位数范围(IQR)的例子

在 Tukey Fences 中，异常值如下：
- 小于 Q1 -(1.5×IQR)，或
- 大于 Q3 +(1.5×IQR)

下面的代码片段展示了使用 Python 实现 Tukey Fences：

```python
import numpy as np

def outliers_iqr(data):
    q1, q3 = np.percentile(data, [25, 75])
    iqr = q3 - q1
    lower_bound = q1 - (iqr * 1.5)
    upper_bound = q3 + (iqr * 1.5)
    return np.where((data > upper_bound) | (data < lower_bound))
```

提示：

np.where()函数返回满足条件的项的位置。

Outliers_iqr()函数返回一个元组，其中第一个元素是具有异常值的行索引的数组。

为测试 Tukey Fences，下面使用著名的 Galton 数据集来测试父母和孩子的身高。该数据集基于 1885 年弗朗西斯•高尔顿(Francis Galton)著名的研究，该研究探讨了成年子女的身高与其父母身高之间的关系。每个案例为一名成年儿童，变

量如下：

family：孩子所属的家庭，由 1 到 204 和 136A 的数字标记。

father：父亲的身高，以英寸为单位。

mother：母亲的身高，以英寸为单位。

gender：儿童性别，男(M)或女(F)。

height：孩子的身高，以英寸为单位。

nkids：孩子家庭中孩子的数量。

该数据集有 898 个案例。首先导入数据：

```
import pandas as pd
df = pd.read_csv("http://www.mosaic-web.org/go/datasets/
galton.csv")
print(df.head())
```

输出如下：

```
  family  father  mother  sex  height  nkids
0      1    78.5    67.0    M    73.2      4
1      1    78.5    67.0    F    69.2      4
2      1    78.5    67.0    F    69.0      4
3      1    78.5    67.0    F    69.0      4
4      2    75.5    66.5    M    73.5      4
```

如果想在 height 列中找到异常值，可以调用 outliers_iqr()函数，如下：

```
print("Outliers using outliers_iqr()")
print("==============================")
for i in outliers_iqr(df.height)[0]:
    print(df[i:i+1])
```

输出如下：

```
Outliers using outliers_iqr()
==============================
     family  father  mother  sex  height  nkids
288      72    70.0    65.0    M    79.0    7
```

使用 Tukey Fences 方法，可看到 height 列只有一个异常值。

2. Z-score

确定异常值的第二种方法是使用 Z-score 方法。Z-score 表示一个数据点离均值有多少个标准差。Z-score 的计算公式如下：

$$Z = (x_i - \mu) / \sigma$$

其中 x_i 是数据点，μ 是数据集的均值，是标准差。

Z-score 方法的解释如下：

- 负 Z-score 表示数据点小于均值，正 Z-score 表示数据点大于均值。
- Z-score 为 0 表示数据点等于均值，Z-score 为 1 表示数据点位于均值正上方 1 个标准差处，以此类推。
- 任何 Z-score 大于 3 或小于-3 都被认为是异常值。

下面的代码片段显示了如何使用 Python 实现 Z-score：

```python
def outliers_z_score(data):
    threshold = 3
    mean = np.mean(data)
    std = np.std(data)
    z_scores = [(y - mean) / std for y in data]
    return np.where(np.abs(z_scores) > threshold)
```

使用与前面相同的 Galton 数据集，现在可使用 outliers_z_score()函数查找 height 列的异常值：

```python
print("Outliers using outliers_z_score()")
print("===================================")
for i in outliers_z_score(df.height)[0]:
    print(df[i:i+1])
print()
```

输出如下：

```
Outliers using outliers_z_score()
================================
     family    father   mother   sex   height   nkids
125      35      71.0     69.0     M     78.0       5
     family    father   mother   sex   height   nkids
288      72      70.0     65.0     M     79.0       7
     family    father   mother   sex   height   nkids
672     155      68.0     60.0     F     56.0       7
```

使用 Z-score 方法，可看到 height 列有三个异常值。

5.5 本章小结

本章讲述了如何开始使用 Scikit-learn 库来解决线性回归问题。此外，还分析了如何获取样例数据集、生成自己的数据集、执行数据清理，讨论了可用于从数据集中删除异常值的两种技术。

接下来的章节将学习更多关于各种机器学习算法的知识，以及如何使用它们来解决实际问题。

## 第 6 章

有监督的学习——线性回归

6.1　线性回归的类型

前一章介绍了如何使用简单线性回归开始机器学习,首先使用 Python,然后使用 Scikit-learn 库。本章将更详细地研究线性回归,并讨论线性回归的另一种变体,称为多项式回归。

总结一下,图 6.1 显示了第 5 章中使用的 Iris 数据集。前四列称为特征,也通常称为自变量。最后一列称为标签,通常称为因变量(如果有多个标签,则称为因变量)。

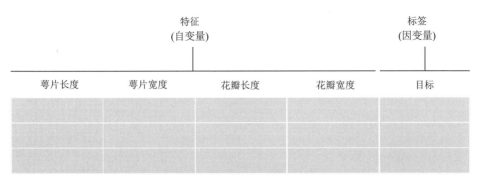

图 6.1　特性和标签的一些术语

提示:

特性有时也称为解释变量,而标签有时也称为目标。

在简单线性回归中,我们讨论了自变量和因变量之间的线性关系。除简单线性回归外,本章还将讨论以下内容:

- 多元回归:两个或多个自变量与一个因变量之间的多元回归线性关系。
- 多项式回归:利用一个 n 次多项式函数对一个自变量和一个因变量之间的关系进行建模。
- 多项式多元回归:利用一个 n 次多项式函数对两个或多个自变量与一个因变量之间的关系进行建模。

提示:

还有一种形式的线性回归,称为多元线性回归,这种关系中包含一个以上的相关因变量。多元线性回归超出了本书的范围。

6.2 线性回归

在机器学习中,线性回归是一种最简单的算法,可将其应用于数据集来建模特征和标签之间的关系。第 5 章从探索简单的线性回归开始,我们可以用直线来解释特征和标签之间的关系。下一节将通过基于多重特征预测房价,了解线性回归的一种简单变体(称为多元线性回归)。

6.2.1 使用 Boston 数据集

本例将使用 Boston 数据集,它包含关于波士顿地区住房和价格的数据。该数据集取自卡内基梅隆大学维护的 StatLib 库。它通常用于机器学习,是学习回归问题的一个很好的候选。Boston 数据集可从许多来源获得,但现在可直接从 sklearn.datasets 包中获得。这意味着可直接在 Scikit-learn 中加载它,而不需要显式地下载它。

首先导入必要的库,然后使用 load_boston()函数加载数据集:

```
import matplotlib.pyplot as plt
import pandas as pd
import numpy as np

from sklearn.datasets import load_boston
dataset = load_boston()
```

在使用数据之前检查数据总是好的。data 属性包含数据集各列的数据：

```
print(dataset.data)
```

输出如下：

```
[[ 6.32000000e-03 1.80000000e+01 2.31000000e+00 ..., 1.53000000e+01
   3.96900000e+02 4.98000000e+00]
 [ 2.73100000e-02 0.00000000e+00 7.07000000e+00 ..., 1.78000000e+01
   3.96900000e+02 9.14000000e+00]
 [ 2.72900000e-02 0.00000000e+00 7.07000000e+00 ..., 1.78000000e+01
   3.92830000e+02 4.03000000e+00]
 ...,
 [ 6.07600000e-02 0.00000000e+00 1.19300000e+01 ..., 2.10000000e+01
   3.96900000e+02 5.64000000e+00]
 [ 1.09590000e-01 0.00000000e+00 1.19300000e+01 ..., 2.10000000e+01
   3.93450000e+02 6.48000000e+00]
 [ 4.74100000e-02 0.00000000e+00 1.19300000e+01 ..., 2.10000000e+01
   3.96900000e+02 7.88000000e+00]]
```

数据是一个二维数组。要知道每个列的名称(特征)，请使用 feature_names
属性：

```
print(dataset.feature_names)
```

输出如下：

```
['CRIM' 'ZN' 'INDUS' 'CHAS' 'NOX' 'RM' 'AGE' 'DIS' 'RAD' 'TAX'
 'PTRATIO' 'B' 'LSTAT']
```

对于每个特性的描述，可使用 DESCR 属性：

```
print(dataset.DESCR)
```

上述语句将输出以下内容：

```
Boston House Prices dataset
===========================

Notes
------
Data Set Characteristics:

    :Number of Instances: 506

    :Number of Attributes: 13 numeric/categorical predictive
```

```
    :Median Value (attribute 14) is usually the target

    :Attribute Information (in order):
        - CRIM     per capita crime rate by town
        - ZN       proportion of residential land zoned for lots over
25,000 sq.ft.
        - INDUS    proportion of non-retail business acres per town
        - CHAS     Charles River dummy variable (= 1 if tract bounds
river; 0 otherwise)
        - NOX      nitric oxides concentration (parts per 10 million)
        - RM       average number of rooms per dwelling
        - AGE      proportion of owner-occupied units built prior to 1940
        - DIS      weighted distances to five Boston employment centres
        - RAD      index of accessibility to radial highways
        - TAX      full-value property-tax rate per $10,000
        - PTRATIO  pupil-teacher ratio by town
        - B        1000(Bk - 0.63)^2 where Bk is the proportion of
blacks by town
        - LSTAT    % lower status of the population
        - MEDV     Median value of owner-occupied homes in $1000's

    :Missing Attribute Values: None

    :Creator: Harrison, D. and Rubinfeld, D.L.

This is a copy of UCI ML housing dataset: http://archive.ics.uci.edu/
ml/datasets/Housing


This dataset was taken from the StatLib library which is maintained at
Carnegie Mellon University.

The Boston house-price data of Harrison, D. and Rubinfeld, D.L.
'Hedonic prices and the demand for clean air', J. Environ. Economics
& Management,
vol.5, 81-102, 1978. Used in Belsley, Kuh & Welsch, 'Regression
diagnostics
...', Wiley, 1980. N.B. Various transformations are used in the table on
pages 244-261 of the latter.

The Boston house-price data has been used in many machine learning
papers that address regression
problems.

**References**
    - Belsley, Kuh & Welsch, 'Regression diagnostics: Identifying
```

Influential Data and Sources of Collinearity', Wiley, 1980. 244-261.
　　- Quinlan,R. (1993). Combining Instance-Based and Model-Based Learning. In Proceedings on the Tenth International Conference of Machine Learning, 236-243, University of Massachusetts, Amherst. Morgan Kaufmann.
　　- many more! (see http://archive.ics.uci.edu/ml/datasets/ Housing)

房价是我们正在寻找的信息，可通过 target 属性访问：

```
print(dataset.target)
```

输出如下：

```
[ 24.  21.6 34.7 33.4 36.2 28.7 22.9 27.1 16.5 18.9 15.   18.9
  21.7 20.4 18.2 19.9 23.1 17.5 20.2 18.2 13.6 19.6 15.2 14.5
  15.6 13.9 16.6 14.8 18.4 21.  12.7 14.5 13.2 13.1 13.5 18.9
  20.  21.  24.7 30.8 34.9 26.6 25.3 24.7 21.2 19.3 20.  16.6
  14.4 19.4 19.7 20.5 25.  23.4 18.9 35.4 24.7 31.6 23.3 19.6
  18.7 16.  22.2 25.  33.  23.5 19.4 22.  17.4 20.9 24.2 21.7
  22.8 23.4 24.1 21.4 20.  20.8 21.2 20.3 28.  23.9 24.8 22.9
  23.9 26.6 22.5 22.2 23.6 28.7 22.6 22.  22.9 25.  20.6 28.4
  21.4 38.7 43.8 33.2 27.5 26.5 18.6 19.3 20.1 19.5 19.5 20.4
  19.8 19.4 21.7 22.8 18.8 18.7 18.5 18.3 21.2 19.2 20.4 19.3
  22.  20.3 20.5 17.3 18.8 21.4 15.7 16.2 18.  14.3 19.2 19.6
  23.  18.4 15.6 18.1 17.4 17.1 13.3 17.8 14.  14.4 13.4 15.6
  11.8 13.8 15.6 14.6 17.8 15.4 21.5 19.6 15.3 19.4 17.  15.6
  13.1 41.3 24.3 23.3 27.  50.  50.  50.  22.7 25.  50.  23.8
  23.8 22.3 17.4 19.1 23.1 23.6 22.6 29.4 23.2 24.6 29.9 37.2
  39.8 36.2 37.9 32.5 26.4 29.6 50.  32.  29.8 34.9 37.  30.5
  36.4 31.1 29.1 50.  33.3 30.3 34.6 34.9 32.9 24.1 42.3 48.5
  50.  22.6 24.4 22.5 24.4 20.  21.7 19.3 22.4 28.1 23.7 25.
  23.3 28.7 21.5 23.  26.7 21.7 27.5 30.1 44.8 50.  37.6 31.6
  46.7 31.5 24.3 31.7 41.7 48.3 29.  24.  25.1 31.5 23.7 23.3
  22.  20.1 22.2 23.7 17.6 18.5 24.3 20.5 24.5 26.2 24.4 24.8
  29.6 42.8 21.9 20.9 44.  50.  36.  30.1 33.8 43.1 48.8 31.
  36.5 22.8 30.7 50.  43.5 20.7 21.1 25.2 24.4 35.2 32.4 32.
  33.2 33.1 29.1 35.1 45.4 35.4 46.  50.  32.2 22.  20.1 23.2
  22.3 24.8 28.5 37.3 27.9 23.9 21.7 28.6 27.1 20.3 22.5 29.
  24.8 22.  26.4 33.1 36.1 28.4 33.4 28.2 22.8 20.3 16.1 22.1
  19.4 21.6 23.8 16.2 17.8 19.8 23.1 21.  23.8 23.1 20.4 18.5
```

```
25.   24.6 23.   22.2 19.3 22.6 19.8 17.1 19.4 22.2 20.7 21.1
19.5 18.5 20.6 19.   18.7 32.7 16.5 23.9 31.2 17.5 17.2 23.1
24.5 26.6 22.9 24.1 18.6 30.1 18.2 20.6 17.8 21.7 22.7 22.6
25.   19.9 20.8 16.8 21.9 27.5 21.9 23.1 50.   50.   50.   50.
50.   13.8 13.8 15.   13.9 13.3 13.1 10.2 10.4 10.9 11.3 12.3
8.8  7.2  10.5 7.4  10.2 11.5 15.1 23.2 9.7  13.8 12.7 13.1
12.5 8.5  5.   6.3  5.6  7.2  12.1 8.3  8.5  5.   11.9 27.9
17.2 27.5 15.   17.2 17.9 16.3 7.   7.2  7.5  10.4 8.8  8.4
16.7 14.2 20.8 13.4 11.7 8.3  10.2 10.9 11.  9.5  14.5 14.1
16.1 14.3 11.7 13.4 9.6  8.7  8.4  12.8 10.5 17.1 18.4 15.4
10.8 11.8 14.9 12.6 14.1 13.  13.4 15.2 16.1 17.8 14.9 14.1
12.7 13.5 14.9 20.  16.4 17.7 19.5 20.2 21.4 19.9 19.  19.1
19.1 20.1 19.9 19.6 23.2 29.8 13.8 13.3 16.7 12.  14.6 21.4
23.  23.7 25.  21.8 20.6 21.2 19.1 20.6 15.2 7.   8.1  13.6
20.1 21.8 24.5 23.1 19.7 18.3 21.2 17.5 16.8 22.4 20.6 23.9
22.  11.9]
```

现将数据加载到 Pandas DataFrame 中：

```
df = pd.DataFrame(dataset.data, columns=dataset.feature_names)
df.head()
```

DataFrame 如图 6.2 所示。

	CRIM	ZN	INDUS	CHAS	NOX	RM	AGE	DIS	RAD	TAX	PTRATIO	B	LSTAT
0	0.00632	18.0	2.31	0.0	0.538	6.575	65.2	4.0900	1.0	296.0	15.3	396.90	4.98
1	0.02731	0.0	7.07	0.0	0.469	6.421	78.9	4.9671	2.0	242.0	17.8	396.90	9.14
2	0.02729	0.0	7.07	0.0	0.469	7.185	61.1	4.9671	2.0	242.0	17.8	392.83	4.03
3	0.03237	0.0	2.18	0.0	0.458	6.998	45.8	6.0622	3.0	222.0	18.7	394.63	2.94
4	0.06905	0.0	2.18	0.0	0.458	7.147	54.2	6.0622	3.0	222.0	18.7	396.90	5.33

图 6.2　包含所有特性的 DataFrame

还希望将房屋的价格添加到 DataFrame 中，因此在 DataFrame 中添加一个新列，并将其命名为 MEDV。

```
df['MEDV'] = dataset.target
df.head()
```

图 6.3 显示了带有特性和标签的完整 DataFrame。

	CRIM	ZN	INDUS	CHAS	NOX	RM	AGE	DIS	RAD	TAX	PTRATIO	B	LSTAT	MEDV
0	0.00632	18.0	2.31	0.0	0.538	6.575	65.2	4.0900	1.0	296.0	15.3	396.90	4.98	24.0
1	0.02731	0.0	7.07	0.0	0.469	6.421	78.9	4.9671	2.0	242.0	17.8	396.90	9.14	21.6
2	0.02729	0.0	7.07	0.0	0.469	7.185	61.1	4.9671	2.0	242.0	17.8	392.83	4.03	34.7
3	0.03237	0.0	2.18	0.0	0.458	6.998	45.8	6.0622	3.0	222.0	18.7	394.63	2.94	33.4
4	0.06905	0.0	2.18	0.0	0.458	7.147	54.2	6.0622	3.0	222.0	18.7	396.90	5.33	36.2

图 6.3　包含所有特性和标签的 DataFrame

6.2.2　数据清理

下一步是清理数据，并执行任何必要的转换。首先使用 info()函数检查每个字段的数据类型：

```
df.info ()
```

输出如下：

```
<class 'pandas.core.frame.DataFrame'>
RangeIndex: 506 entries, 0 to 505
Data columns (total 14 columns):
CRIM       506 non-null float64
ZN         506 non-null float64
INDUS      506 non-null float64
CHAS       506 non-null float64
NOX        506 non-null float64
RM         506 non-null float64
AGE        506 non-null float64
DIS        506 non-null float64
RAD        506 non-null float64
TAX        506 non-null float64
PTRATIO    506 non-null float64
B          506 non-null float64
LSTAT      506 non-null float64
MEDV       506 non-null float64
dtypes: float64(14)
memory usage: 55.4 KB
```

由于 Scikit-learn 只处理数值字段，所以需要将字符串值编码为数值。幸运的是，数据集包含所有数值，因此不需要编码。

接下来，需要检查是否存在缺失的值。为此，可使用 isnull()函数：

```
print(df.isnull().sum())
```

数据集很好，因为它不存在任何缺失的值：

```
CRIM       0
ZN         0
INDUS      0
CHAS       0
NOX        0
RM         0
AGE        0
DIS        0
RAD        0
TAX        0
PTRATIO    0
B          0
LSTAT      0
MEDV       0
dtype: int64
```

6.2.3 特征选择

现在数据已经准备好了，我们准备进入流程的下一步。数据集中有 13 个特性，但不希望使用所有这些特性来训练模型，因为它们并不都是相关的。相反，只需要选择那些直接影响结果(即房价)的特性来训练模型。为此，可使用 corr()函数。corr()函数计算列的两两相关性：

```
corr = df.corr()
print(corr)
```

输出如下：

```
CRIM         ZN       INDUS      CHAS        NOX         RM        AGE  \
CRIM      1.000000 -0.199458   0.404471 -0.055295   0.417521 -0.219940
0.350784
ZN       -0.19945   1.000000  -0.533828 -0.042697  -0.516604  0.311991
-0.569537
INDUS              -0.533828   1.000000  0.062938   0.763651 -0.391676
0.644779
CHAS               -0.042697   0.062938  1.000000  0.091203   0.091251
0.086518
NOX       0.417521 -0.516604   0.763651  0.091203   1.000000 -0.302188
0.731470
RM       -0.21994   0.311991  -0.391676  0.091251  -0.302188  1.000000
-0.240265
```

```
AGE        0.350784 -0.569537  0.644779  0.086518  0.731470 -0.240265
.000000
DIS                  0.664408 -0.708027 -0.099176 -0.769230  0.205246
-0.747881
RAD        0.622029 -0.311948  0.595129 -0.007368  0.611441 -0.209847
0.456022
TAX        0.579564 -0.314563  0.720760 -0.035587  0.668023 -0.292048
.506456
PTRATIO     0.2882 -0.391679  0.383248 -0.121515  0.188933 -0.355501
0.261515
B          -0.37736  0.175520 -0.356977  0.048788 -0.380051  0.128069
-0.273534
LSTAT      0.452220 -0.412995  0.603800 -0.053929  0.590879 -0.613808
0.602339
MEDV       -0.385832 0.360445 -0.483725  0.175260 -0.427321  0.695360
-0.376955
                DIS       RAD       TAX    PTRATIO         B     LSTAT
MEDV
CRIM       -0.377904  0.622029  0.579564  0.288250 -0.377365  0.452220
-0.385832
ZN          0.664408 -0.311948 -0.314563 -0.391679  0.175520 -0.412995
0.360445
INDUS      -0.708027  0.595129  0.720760  0.383248 -0.356977  0.603800
-0.483725
CHAS       -0.099176 -0.007368 -0.035587 -0.121515  0.048788 -0.053929
0.175260
NOX        -0.769230  0.611441  0.668023  0.188933 -0.380051  0.590879
-0.427321
RM          0.205246 -0.209847 -0.292048 -0.355501  0.128069 -0.613808
0.695360
AGE        -0.747881  0.456022  0.506456  0.261515 -0.273534  0.602339
-0.376955
DIS         1.000000 -0.494588 -0.534432 -0.232471  0.291512 -0.496996
0.249929
RAD        -0.494588  1.000000  0.910228  0.464741 -0.444413  0.488676
-0.381626
TAX        -0.534432  0.910228  1.000000  0.460853 -0.441808  0.543993
-0.468536
```

```
PTRATIO    -0.232471  0.464741   0.460853   1.000000 -0.177383   0.374044
-0.507787
B           0.291512 -0.444413  -0.441808  -0.177383  1.000000 -0.366087
0.333461
LSTAT      -0.496996  0.488676   0.543993   0.374044 -0.366087  1.000000
-0.737663
MEDV        0.249929 -0.381626  -0.468536  -0.507787  0.333461 -0.737663
1.000000
```

　　正相关是两个变量之间的一种关系，其中两个变量是同步移动的。当一个变量随着另一个变量的减小而减小，或者一个变量随着另一个变量的增大而增大时，存在正相关关系。类似地，负相关是两个变量之间的另一种关系，其中一个变量随着另一个变量的减少而增加。完全负相关由值-1.00 表示，0.00 表示无相关，+1.00 表示完全正相关。

　　从输出的 MEDV 列可看到，RM 和 LSTAT 特性与 MEDV 有很高的相关性(正相关性和负相关性)：

```
MEDV
CRIM        -0.385832
ZN           0.360445
INDUS       -0.483725
CHAS         0.175260
NOX         -0.427321
RM           0.695360
AGE         -0.376955
RAD         -0.381626
TAX         -0.468536
PTRATIO
B            0.333461
LSTAT       -0.737663
MEDV         1.000000
```

　　这意味着，随着 LSTAT("较低人口地位的百分比")的增加，房价会下降。当 LSTAT 下降时，价格会上升。同样，随着 RM("平均每个住宅的房间数")的增加，房价也会上涨。当 RM 下降时，价格也会下降。

　　可通过编程的方式来实现，而不是直观地找出相关性系数最高的前两个特性：

```
#---get the top 3 features that has the highest correlation---
print(df.corr().abs().nlargest(3, 'MEDV').index)

#---print the top 3 correlation values---
```

```
print(df.corr().abs().nlargest(3, 'MEDV').values[:,13])
```

结果验证了前面的发现：

```
Index(['MEDV', 'LSTAT', 'RM'], dtype='object')
[ 1.          0.73766273   0.69535995]
```

提示：

我们将忽略第一个结果，因为 MEDV 与它自身有着完美的相关性!

由于 RM 和 LSTAT 具有较高的相关值，因此使用这两个有限元模型来训练模型。

6.2.4　多元回归

前一章了解了如何使用单个特性和标签执行简单的线性回归。通常，可能希望使用多个自变量和一个标签来训练模型。这就是所谓的多元回归。在多元回归中，使用两个或两个以上的自变量来预测一个因变量(标签)的值。

现在绘制一个散点图，显示 LSTAT 特征和 MEDV 标签之间的关系：

```
plt.scatter(df['LSTAT'], df['MEDV'], marker='o')
plt.xlabel('LSTAT')
plt.ylabel('MEDV')
```

图 6.4 显示了散点图。这两者之间似乎存在线性关系。

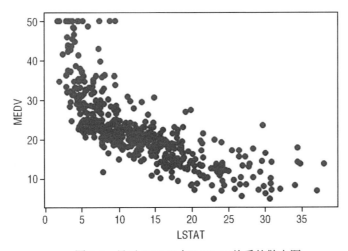

图 6.4　显示 LSTAT 与 MEDV 关系的散点图

我们也画了一个散点图来显示 RM 特性和 MEDV 标签之间的关系：

```
plt.scatter(df['RM'], df['MEDV'], marker='o')
plt.xlabel('RM')
plt.ylabel('MEDV')
```

图 6.5 显示了散点图。同样，这两者之间似乎存在线性关系，但有一些异常值。

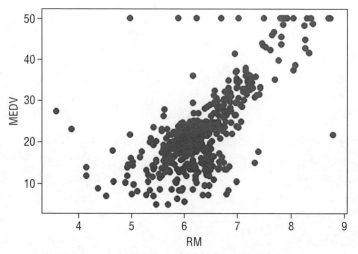

图 6.5　显示 RM 与 MEDV 之间关系的散点图

更好的是，在 3D 图表上绘制这两个特性和标签：

```
from mpl_toolkits.mplot3d import Axes3D

fig = plt.figure(figsize=(18,15))
ax = fig.add_subplot(111, projection='3d')

ax.scatter(df['LSTAT'],
          df['RM'],
          df['MEDV'],
          c='b')

ax.set_xlabel("LSTAT")
ax.set_ylabel("RM")
ax.set_zlabel("MEDV")
plt.show()
```

图 6.6 显示了 LSTAT 和 RM 与 MEDV 的三维关系图。

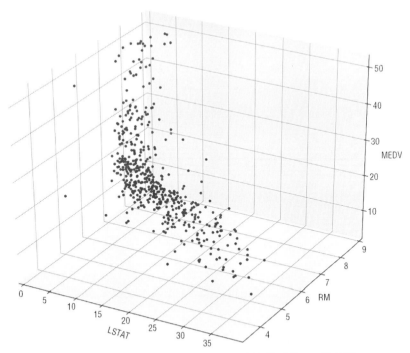

图 6.6　显示 LSTAT、RM 和 MEDV 之间关系的 3D 散点图

6.2.5　训练模型

现在可以训练模型了。首先创建两个 DataFrame：x 和 Y。x DataFrame 包含 LSTAT 和 RM 特性的组合，而 Y DataFrame 包含 MEDV 标签：

```
x = pd.DataFrame(np.c_[df['LSTAT'], df['RM']], columns =
['LSTAT','RM'])
Y = df['MEDV']
```

把数据集分成 70%用于训练，30%用于测试：

```
from sklearn.model_selection import train_test_split
x_train, x_test, Y_train, Y_test = train_test_split(x, Y, test_size = 0.3,
random_state=5)
```

提示：
第 7 章更多地讨论 train_test_split()函数。

分割完成后，打印出训练集的形状：

```
print(x_train.shape)
print(Y_train.shape)
```

输出如下：

```
(354, 2)
(354,)
```

这意味着 x 训练集现在有 354 行和 2 列，而 Y 训练集(包含标签)有 354 行和 1 列。

也打印出测试集：

```
print(x_test.shape)
print(Y_test.shape)
```

这次测试集有 152 行：

```
(152, 2)
(152,)
```

现在准备开始训练。如上一章所述，可使用 LinearRegression 类执行线性回归。这里用它来训练模型：

```
from sklearn.linear_model import LinearRegression

model = LinearRegression()
model.fit(x_train, Y_train)
```

一旦模型训练好，就使用测试集执行一些预测：

```
price_pred = model.predict(x_test)
```

为了解模型的执行情况，使用前一章学到的 R 平方法。R 平方法说明了测试数据与回归线的吻合程度。值 1.0 表示完美匹配。所以，目标是 R 平方的值接近 1：

```
print('R-Squared: %.4f' % model.score(x_test,
Y_test))
```

对于模型，它返回的 R 平方值如下：

```
R-Squared: 0.6162
```

下面绘制散点图，显示实际价格与预测价格：

```
from sklearn.metrics import mean_squared_error

mse = mean_squared_error(Y_test, price_pred)
print(mse)
```

```
plt.scatter(Y_test, price_pred)
plt.xlabel("Actual prices")
plt.ylabel("Predicted prices")
plt.title("Actual prices vs Predicted prices")
```

图 6.7 显示了该图表。理想情况下，它应该是一条直线，但目前它已经足够好了。

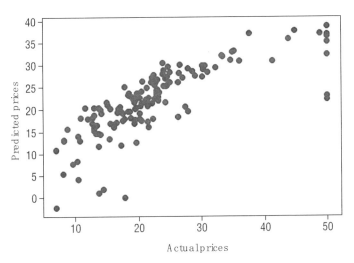

图 6.7   显示预测价格与实际价格的散点图

6.2.6   获得截距和系数

多元回归公式如下：

$$Y=\beta_0+\beta_1x_1+\beta_2x_2$$

Y 是因变量，β_0 是截距，β_1 和 β_2 分别是两个特性 x_1 和 x_2 的系数。

通过训练的模型，可得到特征的截距和系数：

```
print(model.intercept_)
print(model.coef_)
```

输出如下：

```
0.3843793678034899
[-0.65957972 4.83197581]
```

可利用该模型对 LSTAT 是 30、RM 是 5 时的房价进行预测：

```
print(model.predict([[30,5]]))
```

输出如下：

```
[4.75686695]
```

可以用前面给出的公式来验证预测值：

$$Y=\beta_0+\beta_1x_1+\beta_2x_2$$
$$Y=0.3843793678034899+30(-0.65957972)+5(4.83197581)$$
$$Y=4.7568$$

6.2.7　绘制三维超平面

下面绘制一个三维回归超平面来显示预测结果：

```
import matplotlib.pyplot as plt
import pandas as pd
import numpy as np
from mpl_toolkits.mplot3d import Axes3D

from sklearn.datasets import load_boston
dataset = load_boston()

df = pd.DataFrame(dataset.data, columns=dataset.feature_names)
df['MEDV'] = dataset.target

x = pd.DataFrame(np.c_[df['LSTAT'], df['RM']], columns = ['LSTAT','RM'])
Y = df['MEDV']

fig = plt.figure(figsize=(18,15))
ax = fig.add_subplot(111, projection='3d')

ax.scatter(x['LSTAT'],
           x['RM'],
           Y,
           c='b')

ax.set_xlabel("LSTAT")
ax.set_ylabel("RM")
ax.set_zlabel("MEDV")

#---create a meshgrid of all the values for LSTAT and RM---
x_surf = np.arange(0, 40, 1) #---for LSTAT---
y_surf = np.arange(0, 10, 1) #---for RM---
x_surf, y_surf = np.meshgrid(x_surf, y_surf)
```

```
from sklearn.linear_model import LinearRegression
model = LinearRegression()
model.fit(x, Y)

#---calculate z(MEDC) based on the model---
z = lambda x,y: (model.intercept_ + model.coef_[0] * x +
model.coef_[1] * y)

ax.plot_surface(x_surf, y_surf, z(x_surf,y_surf),
                rstride=1,
                cstride=1,
                color='None',
                alpha = 0.4)
plt.show()
```

这里使用整个数据集来训练模型。然后，传递 LSTAT (x_surf)和 RM (y_surf)
的值的组合，使用模型的截距和系数计算预测值来进行预测。然后使用 plot_
surface()函数绘制超平面。最终结果如图 6.8 所示。

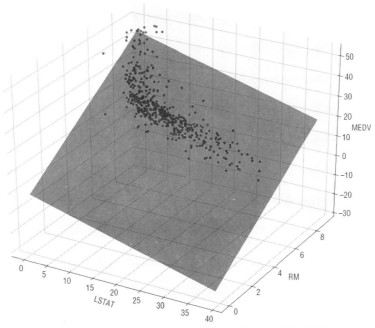

图 6.8　超平面显示了对 LSTAT 和 RM 这两个特性的预测

由于 Jupyter Notebook 中显示的图表是静态的，所以将前面的代码片段保存
在 boston.py 文件中，并在 Terminal 中运行，如下所示：

```
$ python boston.py
```

现在，可旋转图表并移动它，以获得更好的透视图，如图 6.9 所示。

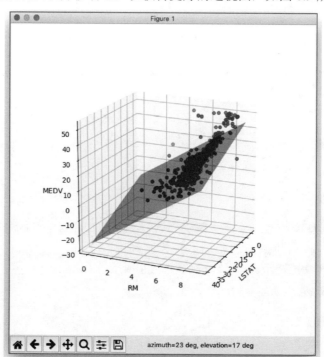

图 6.9　旋转图表以更好地查看超平面

6.3　多项式回归

上一节了解了如何应用线性回归来预测波士顿地区的房价。虽然这个结果在某种程度上可以接受，但并不十分准确。这是因为有时线性回归线可能不是准确捕获特性和标签之间关系的最佳解决方案。某些情况下，曲线可能更好。

考虑图 6.10 中所示的一系列点。

```
x,y
1.5,1.5
2,2.5
3,4
4,4
5,4.5
6,5
```

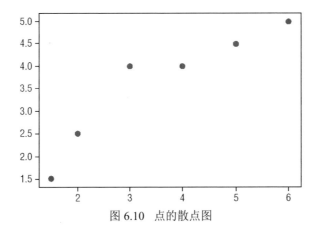

图 6.10　点的散点图

使用散点图绘制：

```
df = pd.read_csv('polynomial.csv')
plt.scatter(df.x,df.y)
```

使用线性回归，可试着画出一条贯穿大部分点的直线：

```
model = LinearRegression()

x = df.x[0:6, np.newaxis] #---convert to 2D array---
y = df.y[0:6, np.newaxis] #---convert to 2D array---

model.fit(x,y)

#---perform prediction---
y_pred = model.predict(x)

#---plot the training points---
plt.scatter(x, y, s=10, color='b')

#---plot the straight line---
plt.plot(x, y_pred, color='r')
plt.show()

#---calculate R-Squared---
print('R-Squared for training set: %.4f' % model.score(x,y))
```

得到直线回归，如图 6.11 所示。

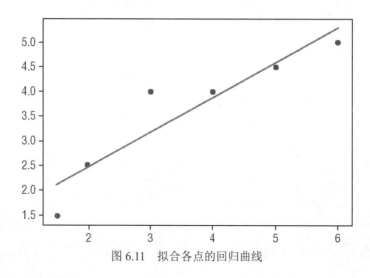

图 6.11   拟合各点的回归曲线

训练集的 R 方值为：

```
R-Squared for training set: 0.8658
```

我们想知道是否有更精确的方法来拟合这些点。例如，研究曲线(而不是直线)的可能性。这就需要使用多项式回归。

6.3.1   多项式回归公式

多项式回归试图创建一个多项式函数，以拟合一组数据点。
1 次多项式函数的形式如下：

$$Y = \beta_0 + \beta_1 x$$

这是前一章介绍的简单线性回归。二次回归是 2 次多项式：

$$Y = \beta_0 + \beta_1 x + \beta_2 x^2$$

对于次数为 3 的多项式，公式如下：

$$Y = \beta_0 + \beta_1 x + \beta_2 x^2 + \beta_3 x^3$$

一般情况下，n 次数多项式的公式为：

$$Y = \beta_0 + \beta_1 x + \beta_2 x^2 + \beta_3 x^3 + \ldots + \beta_n x^n$$

多项式回归的理念很简单——求出最完美拟合数据的多项式函数的系数。

6.3.2   Scikit-learn 中的多项式回归

Scikit-learn 库包含许多用于求解多项式回归的类和函数。PolynomialFeatures 类接受一个数字，来指定多项式特征的次数。下面的代码片段创建了一个二次方

程(2 次多项式函数):

```
from sklearn.preprocessing import PolynomialFeatures
degree = 2
polynomial_features = PolynomialFeatures(degree = degree)
```

使用这个 PolynomialFeatures 对象，可生成一个新的特征矩阵，它由所有特征的多项式组合组成，特征的次数小于或等于指定的次数:

```
x_poly = polynomial_features.fit_transform(x)
print(x_poly)
```

输出如下:

```
[[ 1.    1.5   2.25]
 [ 1.    2.    4.  ]
 [ 1.    3.    9.  ]
 [ 1.    4.    16. ]
 [ 1.    5.    25. ]
 [ 1.    6.    36. ]]
```

生成的矩阵如下:
- 第一列总是 1。
- 第二列是 x 的值。
- 第三列是 x^2 的值

可以使用 get_feature_names() 函数来验证:

```
print(polynomial_features.get_feature_names('x'))
```

输出如下:

```
['1', 'x', 'x^2']
```

提示:

多项式函数系数的数学知识超出了本书的范围。然而，对于那些感兴趣的人，可以查看以下关于多项式回归的数学内容，链接是 http://ialregression.drque.net/math.html。

现在使用这个生成的矩阵与 LinearRegression 类一起训练模型:

```
model = LinearRegression()
model.fit(x_poly, y)
y_poly_pred = model.predict(x_poly)

#---plot the points---
```

```
plt.scatter(x, y, s=10)

#---plot the regression line---
plt.plot(x, y_poly_pred)
plt.show()
```

图 6.12 现在显示了回归线，这是一条试图拟合这些点的漂亮曲线。可以输出多项式函数的截距和系数：

```
print(model.intercept_)
print(model.coef_)
```

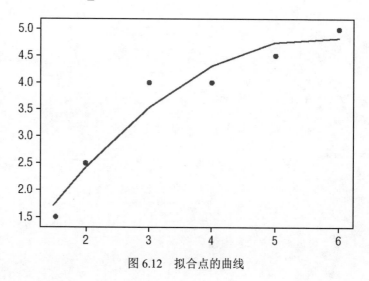

图 6.12　拟合点的曲线

输出如下：

```
[-0.87153912]
[[ 0. 1.98293207 -0.17239897]]
```

将这些数字 $Y=-0.87153912+1.98293207x+(-0.17239897)x^2$ 带入公式 $Y=\beta_0+\beta_1x+\beta_2x^2$，就可以使用前面的公式进行预测。

如果通过输出 R 平方值来评估回归。

```
print('R-Squared for training set: %.4f' % model.score(x_poly,y))
```

应得到 0.9474：

```
R-Squared for training set: 0.9474
```

R 平方值可以改进吗？试试一个 3 次多项式。使用相同的代码，degree 改为 3，应该得到如图 6.13 所示的曲线，R 平方的值为 0.9889。

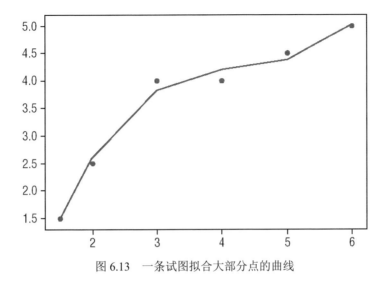

图 6.13　一条试图拟合大部分点的曲线

现在看到的曲线更接近这些点，R 平方值得到了很大的改进。此外，由于将多项式次数提高了 1 次可以改进 R 平方值，你可能希望进一步提高它。事实上，图 6.14 显示了 degree 设置为 4 时的曲线。它完美地拟合了所有的点。

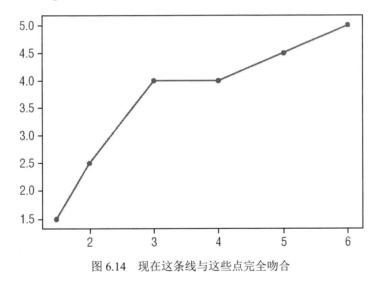

图 6.14　现在这条线与这些点完全吻合

得到 R 平方等于 1！然而，在成功地在预测中找到完美的算法之前，需要认识到，虽然算法可能完美地拟合训练数据，但它不太可能在新数据中表现得很好。这就是所谓的过度拟合，下一节将详细讨论这个主题。

6.3.3 理解偏差和方差

机器学习算法无法捕捉变量和结果之间的真实关系，这就是所谓的偏差。图 6.15 显示了一条试图拟合所有点的直线。因为它不能通过所有的点，所以它有很高的偏差。

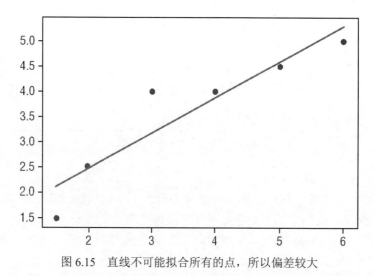

图 6.15 直线不可能拟合所有的点，所以偏差较大

然而，图 6.16 中的曲线能够拟合所有的点，因此具有较低的偏差。

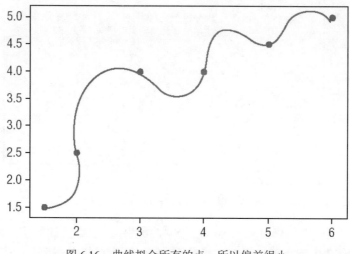

图 6.16 曲线拟合所有的点，所以偏差很小

虽然直线不能通过所有的点，有很高的偏差，但当应用无法预测的观测值时，会得到很好的估计值。图 6.17 显示了测试点(灰色的较大圈)。当使用相同的测试

点时，相对于曲线，RSS(残差平方和，即预测误差的总和)非常低(见图 6.18)。

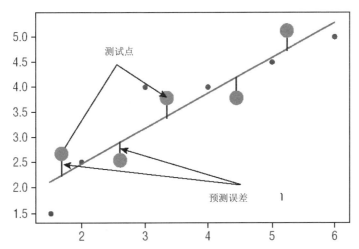

图 6.17　直线可以很好地处理不可预测的数据，其结果在不同的
数据集中没有太大变化。因此，它的方差很低

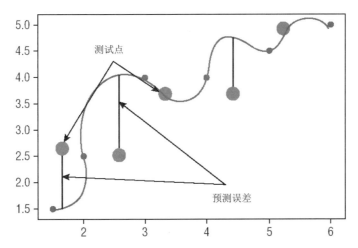

图 6.18　曲线不能很好地处理不可预测的数据，其结果随着
不同的数据集而变化。因此，它有很高的方差

在机器学习中，数据集之间的匹配称为方差。在本例中，曲线具有很高的方差，因为对于不同的数据集，RSS 差异极大。也就是说，无法真正预测它在未来数据集上的预测性能——它在某些数据集上预测得很好，而在其他数据集上可能严重失真。另一方面，直线的方差很低，因为对于不同的数据集，RSS 是相似的。

提示：

在机器学习中，如果找到一条曲线，它试图完美地拟合所有的点，就称为过度拟合。另一方面，如果一条线未能拟合大多数点，就是所谓的拟合不足。

理想情况下，应该找到一条能够准确表达自变量及其结果之间关系的线条。用偏差和方差表示，理想的算法应该是：

- 高偏差，线条穿过尽可能多的点。
- 低方差，通过该线条，用不同的数据集得到一致的预测。

图 6.19 显示了这样一条理想的曲线——高偏差和低方差。

为了在简单模型和复杂模型之间取得平衡，可以使用正则化、Bagging 和 Boosting 等技术。

- 正则化(Regularization)是一种自动惩罚建模中使用的额外特性的技术。
- Bagging(或 bootstrap aggregation)是一种特殊类型的机器学习过程，它使用集成学习来演化机器学习模型。Bagging 使用数据的子集，每个样本训练一个较弱的学习者。然后，弱学习者可通过平均化或最大投票组合起来，创造出一个能够做出准确预测的强学习者。

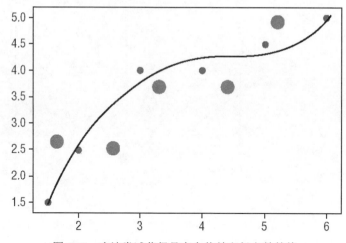

图 6.19　应该尝试获得具有高偏差和低方差的线

- Boosting 也类似于 Bagging，只不过它使用所有数据来训练每个学习者，但是之前被学习者错误分类的数据点会被赋予更大的权重，以便后续的学习者在训练过程中更关注这些数据点。

提示：

集成学习是一种使用多个模型对单个数据集进行处理，然后将其结果组合在一起的技术。

6.3.4　对 Boston 数据集使用多项式多元回归

前面使用多元线性回归，并基于 Boston 数据集训练了一个模型。现在尝试将它应用到 Boston 数据集中，看看是否可以改进模型。

和往常一样，加载数据，将数据集分割为训练集和测试集：

```
import matplotlib.pyplot as plt
import pandas as pd
import numpy as np

from sklearn.preprocessing import PolynomialFeatures
from sklearn.linear_model import LinearRegression
from sklearn.datasets import load_boston

dataset = load_boston()

df = pd.DataFrame(dataset.data, columns=dataset.feature_names)
df['MEDV'] = dataset.target

x = pd.DataFrame(np.c_[df['LSTAT'], df['RM']], columns =
['LSTAT','RM'])
Y = df['MEDV']
from sklearn.model_selection import train_test_split
x_train, x_test, Y_train, Y_test = train_test_split(x, Y, test_size
= 0.3, random_state=5)
```

然后使用次数为 2 的多项式函数：

```
#---use a polynomial function of degree 2---
degree = 2
polynomial_features= PolynomialFeatures(degree = degree)
x_train_poly = polynomial_features.fit_transform(x_train)
```

对两个自变量 x_1 和 x_2 使用次数为 2 的多项式函数时，公式为：

$$Y = \beta_0 + \beta_1 x_1 + \beta_2 x_2 + \beta_3 x_1^2 + \beta_4 x_1 x_2 + \beta_5 x_2^2$$

Y 是因变量，β_0 是截距，β_1、β_2、β_3 和 β_4 分别是两个特性 x_1 和 x_2 各种组合的系数。

可通过打印特征名来验证：

```
#---print out the formula---
print(polynomial_features.get_feature_names(['x','y']))
```

输出如下，这与公式是一致的：

```
# ['1', 'x', 'y', 'x^2', 'x y', 'y^2']
```

提示：

稍后在绘制三维超平面时，知道多项式函数公式是很有用的。

然后可使用 LinearRegression 类来训练模型：

```
model = LinearRegression()
model.fit(x_train_poly, Y_train)
```

现在使用测试集来评估模型：

```
x_test_poly = polynomial_features.fit_transform(x_test)
print('R-Squared: %.4f' % model.score(x_test_poly,
                                       Y_test))
```

结果如下：

```
R-Squared: 0.7340
```

也可以输出截距和系数：

```
print(model.intercept_)
print(model.coef_)
```

输出如下：

```
26.9334305238
[ 0.00000000e+00 1.47424550e+00 -6.70204730e+00 7.93570743e-04
 -3.66578385e-01 1.17188007e+00]
```

有了这些值，公式变成：

$$Y = \beta_0 + \beta_1 x_1 + \beta_2 x_2 + \beta_3 x_1^2 + \beta_4 x_1 x_2 + \beta_5 x_2^2$$

$$Y = 26.9334305238 + 1.47424550e+00\, x_1 + (-6.70204730e+00)\, x_2 + 7.93570743e$$
$$-04\, x_1^2 + (-3.66578385e-01)\, x_1 x_2 + 1.17188007e+00\, x_2^2$$

6.3.5 绘制三维超平面

由于知道了多项式多元回归函数的截距和系数，可以很容易地绘制出函数的三维超平面。将以下代码片段保存为 boston2.py 文件。

```
import matplotlib.pyplot as plt
```

```python
import pandas as pd
import numpy as np

from mpl_toolkits.mplot3d import Axes3D
from sklearn.preprocessing import PolynomialFeatures
from sklearn.linear_model import LinearRegression
from sklearn.datasets import load_boston

dataset = load_boston()

df = pd.DataFrame(dataset.data, columns=dataset.feature_names)
df['MEDV'] = dataset.target

x = pd.DataFrame(np.c_[df['LSTAT'], df['RM']], columns =
['LSTAT','RM'])
Y = df['MEDV']

fig = plt.figure(figsize=(18,15))
ax = fig.add_subplot(111, projection='3d')

ax.scatter(x['LSTAT'],
           x['RM'],
           Y,
           c='b')
ax.set_xlabel("LSTAT")
ax.set_ylabel("RM")
ax.set_zlabel("MEDV")

#---create a meshgrid of all the values for LSTAT and RM---
x_surf = np.arange(0, 40, 1) #---for LSTAT---
y_surf = np.arange(0, 10, 1) #---for RM---
x_surf, y_surf = np.meshgrid(x_surf, y_surf)

#---use a polynomial function of degree 2---
degree = 2
polynomial_features= PolynomialFeatures(degree = degree)
x_poly = polynomial_features.fit_transform(x)
print(polynomial_features.get_feature_names(['x','y']))

#---apply linear regression---
model = LinearRegression()
model.fit(x_poly, Y)

#---calculate z(MEDC) based on the model---
z = lambda x,y: (model.intercept_ +
                (model.coef_[1] * x) +
```

```
                    (model.coef_[2] * y) +
                    (model.coef_[3] * x**2) +
                    (model.coef_[4] * x*y) +
                    (model.coef_[5] * y**2))

ax.plot_surface(x_surf, y_surf, z(x_surf,y_surf),
                rstride=1,
                cstride=1,
                color='None',
                alpha = 0.4)

plt.show()
```

要运行代码，请在终端中输入以下代码：

```
$ python boston2.py
```

3D 图表如图 6.20 所示。

可拖动以旋转图表。图 6.21 显示了超平面的不同透视图。

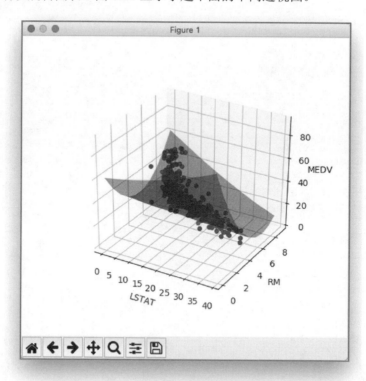

图 6.20　多项式多元回归中的超平面

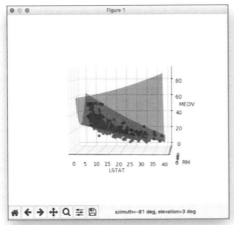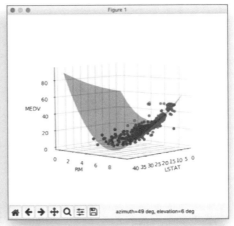

图 6.21　旋转图表以查看超平面的不同透视图

6.4　本章小结

你在本章学习了各种类型的线性回归。特别是，学到了以下几点。

- 多元回归：两个或多个自变量与一个因变量之间的多元回归线性关系。
- 多项式回归：利用 n 次多项式函数对一个自变量和一个因变量之间的关系进行建模。
- 多项式多元回归：利用 n 次多项式函数对两个或多个自变量与一个因变量之间的关系进行建模。

还学习了如何绘制超平面，以显示两个自变量和标签之间的关系。

有监督的学习——
使用逻辑回归进行分类

7.1 什么是逻辑回归?

前一章学习了线性回归以及如何使用它来预测未来的值。本章将学习另一种有监督的机器学习算法——逻辑回归(logistic)。与线性回归不同,逻辑回归并不试图根据一组给定的输入,来预测数值变量的值。相反,逻辑回归的输出是给定的输入点属于特定类的概率。逻辑回归的输出始终为[0,1]。

要理解逻辑回归的用法,请考虑图 7.1 所示的示例。假设有一个数据集,其中包含关于选民收入和投票偏好的信息。对于这个数据集,低收入选民倾向于投票给候选人 B,而高收入选民倾向于支持候选人 A。

有了这个数据集,就可以根据收入水平来预测未来的选民将票投给哪位候选人。乍一看,你可能想把刚学到的知识应用到这个问题上;也就是说,使用线性回归。图 7.2 显示了将线性回归应用于此问题时的情况。

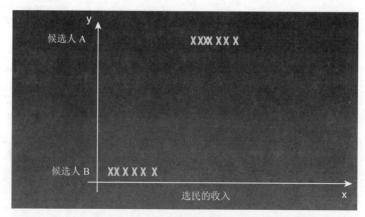

图 7.1　有些问题的结果是二元的

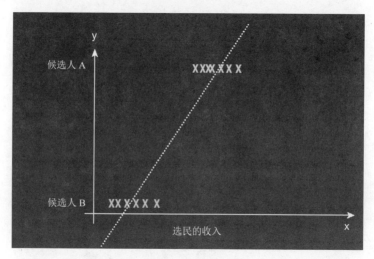

图 7.2　使用线性回归来解决投票偏好问题，会产生奇怪的值

　　线性回归的主要问题是预测值并不总是在预期范围内。考虑一个收入非常低(接近于 0)的选民，可从图表中看到，预测结果是一个负值。但我们真正想要的是返回一个 0～1 的预测值，该值表示事件发生的概率。

　　图 7.3 显示了逻辑回归如何解决这个问题。现在使用一条曲线来拟合图表上的所有点，而不是画一条穿过这些点的直线。

　　使用逻辑回归，输出将是一个 0～1 的值，其中任何小于或等于 0.5 的值(称为阈值)都被视为投票给候选人 B，任何大于 0.5 的值都被视为投票给候选人 A。

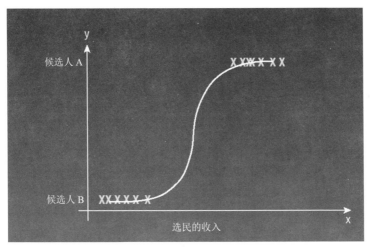

图 7.3　逻辑回归预测结果的可能性，而不是特定的值

7.1.1　理解概率

在讨论逻辑回归算法的细节之前，首先需要讨论一个重要的术语——概率(Odd)。概率定义为成功的可能性与失败的可能性之比(见图 7.4)。

图 7.4　如何计算事件发生的概率

例如，抛硬币时，得到正面的概率是 1。这是因为得到正面的可能性(Probability)是 0.5，得到反面的可能性也是 0.5。那么，得到正面的概率是 1 时，就意味着得到正面的可能性是 50%。

但如果抛硬币时作弊，得到正面的可能性是 0.8，得到反面的可能性是 0.2，则得到正面的概率就是 0.8/0.2 = 4。也就是说，得到正面的可能性是得到反面的 4 倍。同样，得到反面的概率是 0.2/0.8 = 0.25。

7.1.2　logit 函数

把自然对数函数应用到概率上，就得到 logit 函数。logit 函数是概率的对数(见图 7.5)。

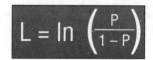

图 7.5　logit 函数的公式

logit 函数将(0,1)上的一个变量转化为(-∞，∞)上的一个新变量。要查看这种关系，可以使用以下代码片段：

```
%matplotlib inline
import pandas as pd
import numpy as np
import matplotlib.pyplot as plt

def logit(x):
    return np.log( x / (1 - x) )

x = np.arange(0.001,0.999, 0.0001)
y = [logit(n) for n in x]
plt.plot(x,y)
plt.xlabel("Probability")
plt.ylabel("logit - L")
```

图 7.6 显示了使用前面的代码片段绘制的 logit 曲线。

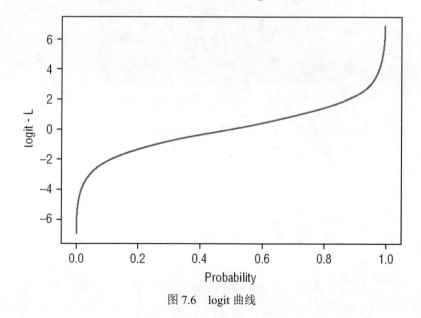

图 7.6　logit 曲线

7.1.3　sigmoid 曲线

对于 logit 曲线，x 轴是概率，y 轴是实数范围。对于逻辑回归，真正想要的是一个将实数系统上的数字映射到概率的函数，这正是翻转 logit 曲线轴线所得到的结果(见图 7.7)。

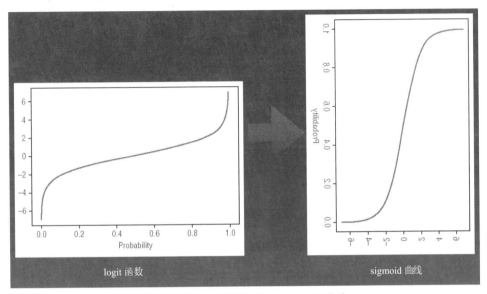

图 7.7　将 logit 曲线翻转成 sigmoid 曲线

翻转坐标轴时，得到的曲线叫做 sigmoid 曲线。利用与 logit 函数相反的 sigmoid 函数得到了 sigmoid 曲线。利用 sigmoid 函数将(-∞，∞)上的值转化为(0,1)上的数，sigmoid 函数如图 7.8 所示。

$$P = \frac{1}{(1 + e^{-(L)})}$$

图 7.8　sigmoid 函数的公式

下面的代码片段展示了如何得到 sigmoid 曲线：

```
def sigmoid(x):
    return (1 / (1 + np.exp(-x)))

x = np.arange(-10, 10, 0.0001)
y = [sigmoid(n) for n in x]
```

```
plt.plot(x,y)
plt.xlabel("logit - L")
plt.ylabel("Probability")
```

图 7.9 显示了 sigmoid 曲线。

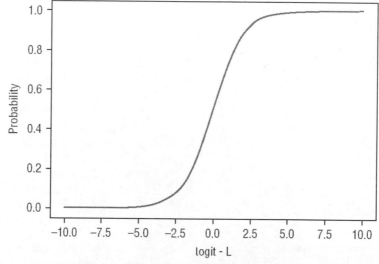

图 7.9　使用 matplotlib 绘制的 sigmoid 曲线

　　就像在线性回归中，试图绘制一条贯穿所有点的直线(如第 5 章所述)，在逻辑回归中，也想绘制一条贯穿所有点的 Sigmoid 曲线。数学上，可以用图 7.10 所示的公式表示。

$$P = \frac{1}{(1 + e^{-(\beta_0 + x\beta)})}$$

图 7.10　用截距和系数表示 sigmoid 函数

　　注意，图 7.8 和图 7.10 中公式之间的关键区别是现在 L 被 β_0 和 $x\beta$ 所取代。β_0 和 β 系数未知，它们必须基于可用的训练数据使用一个称为最大似然估计(MLE)的技术进行估计。在逻辑回归中，β_0 称为截距，$x\beta$ 称为系数。

7.2　使用威斯康星乳腺癌诊断数据集

　　Scikit-learn 附带威斯康星乳腺癌诊断数据集。这是一个经典数据集，经常用于说明二元分类。该数据集包含 30 个特征，它们是由乳腺肿块的细针抽吸(FNA)的数字化图像计算出来的。数据集的标签是二进制分类：M 表示恶性，B 表示良性。有兴趣的读者要查看更多信息，可以访问：

https://archive.ics.uci.edu/ml/datasets/Breast+ Cancer+Wisconsin+(Diagnostic)

7.2.1　检查特征之间的关系

要加载乳腺癌数据集，可以首先从 sklearn 导入 datasets 模块，然后使用 load_breast_cancer()函数：

```
from sklearn.datasets import load_breast_cancer
cancer = load_breast_cancer()
```

现在已经加载了乳腺癌数据集，检查它的一些特性之间的关系是很有用的。

1. 用 2D 绘制特征

首先，用 2D 绘制数据集的前两个特性，并检查它们之间的关系。以下代码片段将：

- 加载乳腺癌数据集。
- 将数据集的前两个特性复制到二维列表中。
- 绘制散点图，显示两个特征点的分布情况。
- 红色为恶性肿瘤，蓝色为良性肿瘤。

```
%matplotlib inline

import matplotlib.pyplot as plt
from sklearn.datasets import load_breast_cancer

cancer = load_breast_cancer()

#---copy from dataset into a 2-d list---
X = []
for target in range(2):
    X.append([[], []])
    for i in range(len(cancer.data)): # target is 0 or 1
        if cancer.target[i] == target:
            X[target][0].append(cancer.data[i][0]) # first feature -
mean radius
            X[target][1].append(cancer.data[i][1]) # second feature -
mean texture

colours = ("r", "b") # r: malignant, b: benign
```

```
fig = plt.figure(figsize=(10,8))
ax = fig.add_subplot(111)
for target in range(2):
     ax.scatter(X[target][0],
                X[target][1],
                c=colours[target])

ax.set_xlabel("mean radius")
ax.set_ylabel("mean texture")
plt.show()
```

图 7.11 为各点的散点图。

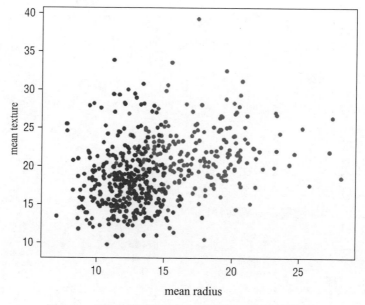

图 7.11　显示肿瘤平均半径与平均纹理关系的散点图

从这个散点图中，可以看出随着肿瘤半径的增加和纹理的增加，它被诊断为恶性的可能性越大。

2. 3D 绘图

在上一节中，使用散点图根据两个特性绘制了这些点。如果能把两种以上的特征可视化，那将是很有趣的。本例尝试可视化三个特性之间的关系。可以使用 matplotlib 来绘制 3D 图。下面的代码片段显示了这是如何实现的。它与前一节的代码片段非常相似，只是增加了几条语句(显示为粗体)：

```
%matplotlib inline
```

```
import matplotlib.pyplot as plt
from mpl_toolkits.mplot3d import Axes3D
from sklearn.datasets import load_breast_cancer

cancer = load_breast_cancer()

#---copy from dataset into a 2-d array---
X = []
for target in range( 2 ):
    X.append([[], [], []])
    for i in range(len(cancer.data)): # target is 0,1
        if cancer.target[i] == target:
        X[target][0].append(cancer.data[i][0])
        X[target][1].append(cancer.data[i][1])
        X[target][2].append(cancer.data[i][2])

colours = ("r", "b") # r: malignant, b: benign
fig = plt.figure(figsize=(18,15))
ax = fig.add_subplot(111,projection= ' 3d ' )
for target in range(2):
    ax.scatter(X[target][0],
               X[target][1],
               X[target][2],
               c=colours[target])

ax.set_xlabel("mean radius")
ax.set_ylabel("mean texture")
ax.set_zlabel("mean perimeter")
plt.show()
```

不再使用两个特性绘图，现在有了第三个特性：平均周长。图 7.12 显示了 3D 图形。

Jupyter Notebook 静态显示 3D 图形。从图 7.12 可以看到，不能很好地了解这三个特性之间的关系。显示 3D 图形的更好方法是在 Jupyter Notebook 之外运行前面的代码片段。为此，将代码片段(减去第一行包含语句 "%matplotlib inline")保存到一个名为 3dplot.py 的文件中。然后使用 python 命令在终端运行文件，如下：

```
$ python 3dplot.py
```

运行后，matplotlib 将打开一个单独的窗口来显示 3D 图形。最重要的是，能够与它互动。使用鼠标拖动图形，就能更好地可视化这三个特性之间的关系。图 7.13 提供了一个更好的视角：随着肿瘤生长的平均周长增加，肿瘤变成恶性的机会也增加。

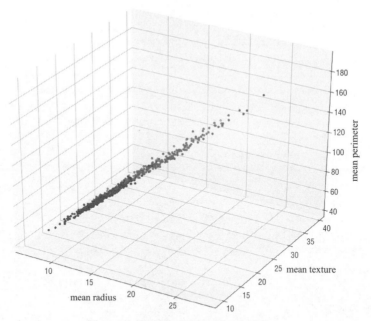

图 7.12　使用 3D 地图绘制三个特性

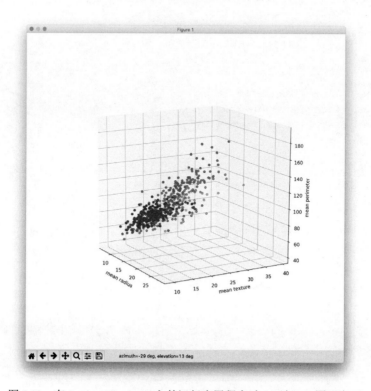

图 7.13　在 Jupyter Notebook 之外运行应用程序时，可与 3D 图形交互

7.2.2　使用一个特征训练

现在使用逻辑回归尝试预测肿瘤是否是恶性的，开始时只使用数据集的第一个特征，下面的代码片段绘制了一个散点图，根据平均半径，判断肿瘤是良性还是恶性的：

```
%matplotlib inline
import pandas as pd
import matplotlib.pyplot as plt
import matplotlib.patches as mpatches

from sklearn.datasets import load_breast_cancer

cancer = load_breast_cancer()  # Load dataset
x = cancer.data[:,0]           # mean radius
y = cancer.target              # 0: malignant, 1: benign
colors = {0:'red', 1:'blue'}   # 0: malignant, 1: benign

plt.scatter(x,y,
            facecolors='none',
            edgecolors=pd.DataFrame(cancer.target)[0].apply(lambda x:
colors[x]),
            cmap=colors)

plt.xlabel("mean radius")
plt.ylabel("Result")

red = mpatches.Patch(color='red', label='malignant')
blue = mpatches.Patch(color='blue', label='benign')

plt.legend(handles=[red, blue], loc=1)
```

图 7.14 显示了散点图。

可以看出，使用逻辑回归能很好地预测肿瘤是否恶性。可尝试绘制 S 形曲线(尽管是水平翻转的)。

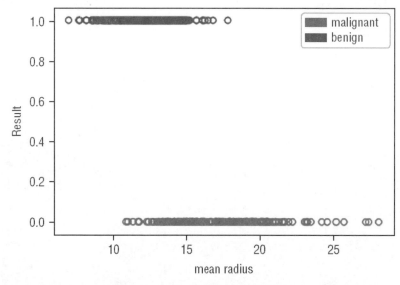

图 7.14　根据一个特征绘制散点图

1. 确定截距和系数

Scikit-learn 包含 LogisticRegression 类，它允许应用逻辑回归来训练模型。因此本例使用数据集的第一个特征训练模型：

```python
from sklearn import linear_model
import numpy as np

log_regress = linear_model.LogisticRegression()

#---train the model---
log_regress.fit(X = np.array(x).reshape(len(x),1),
                y = y)

#---print trained model intercept---
print(log_regress.intercept_)    # [ 8.19393897]

#---print trained model coefficients---
print(log_regress.coef_)         # [[-0.54291739]]
```

模型训练好后，此时我们最感兴趣的是截距和系数。查看图 7.10 所示的公式会发现，截距是 β_0，系数是 $x\beta$。知道这两个值，就可以绘制 sigmoid 曲线，尝试拟合图表中的点。

2. 绘制 sigmoid 曲线

得到了 β_0 和 $x\beta$ 的值后，就可以使用下面的代码片段绘制 sigmoid 曲线：

```
def sigmoid(x):
    return (1 / (1 +
        np.exp(-(log_regress.intercept_[0] +
        (log_regress.coef_[0][0] * x)))))

x1 = np.arange(0, 30, 0.01)
y1 = [sigmoid(n) for n in x1]

plt.scatter(x,y,
    facecolors='none',
    edgecolors=pd.DataFrame(cancer.target)[0].apply(lambda x:
colors[x]),
    cmap=colors)

plt.plot(x1,y1)
plt.xlabel("mean radius")
plt.ylabel("Probability")
```

图 7.15 显示 sigmoid 曲线。

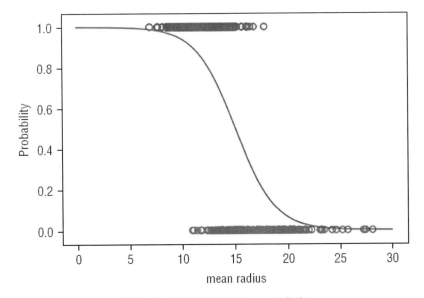

图 7.15　拟合两组点的 sigmoid 曲线

3. 进行预测

使用训练好的模型，试着做一些预测。如果平均半径是 20，试着预测一下结果：

```
print(log_regress.predict_proba(20)) # [[0.93489354 0.06510646]]
print(log_regress.predict(20)[0]) # 0
```

从输出中可以看到，第一个语句中的 predict _proba()函数返回一个二维数组。结果 0.93489354 表明预测为 0(恶性)的概率，0.06510646 的结果表明预测为 1 的概率。基于默认阈值 0.5，预测肿瘤为恶性(值 0)，因为其预测为 0 的概率是 0.93489354，大于 0.5。

第二个语句中的函数 predict()返回结果所在的类(在本例中可以是 0 或 1)。结果为 0 表明预测肿瘤是恶性的。下面的例子尝试另一个平均半径为 8 的情形：

```
print(log_regress.predict_proba(8)) # [[0.02082411 0.97917589]]
print(log_regress.predict(8)[0]) # 1
```

从结果可以看出，预测肿瘤是良性的。

7.2.3　使用所有特性训练模型

上一节使用一个特性对模型进行了专门的训练。现在，尝试使用所有的特性来训练模型，看看它执行预测的准确性。

首先加载数据集：

```
from sklearn.datasets import load_breast_cancer
cancer = load_breast_cancer() # Load dataset
```

不使用数据集中的所有行来训练模型，而将它分成两个集合，一个用于训练，一个用于测试。为此，使用 train_test_split()函数。它允许将数据分为随机的训练和测试子集。下面的代码片段将数据集分成 75%的训练集和 25%的测试集：

```
from sklearn.model_selection import train_test_split
train_set, test_set, train_labels, test_labels = train_test_split(
                        cancer.data,      # features
                        cancer.target,    # labels
                        test_size = 0.25, # split ratio
                        random_state = 1, # set random
seed
                        stratify = cancer.target) # randomize
based on labels
```

图 7.16 显示了如何分割数据集。函数 train_test_split()的 random_state 参数指定随机数生成器使用的种子。如果没有指定，每次运行这个函数时，都将得到不同的训练集和测试集。stratify 参数允许指定要使用哪一列(特性/标签)，以便分割成比例。例如，如果指定的列是一个分类变量，包含 80%的 0 和 20%的 1，那么训练集和测试集将分别包含 80%的 0 和 20%的 1。

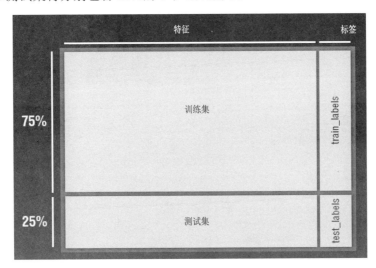

图 7.16　将数据集划分为训练集和测试集

一旦数据集被分割，就该训练模型了。下面的代码片段使用逻辑回归训练模型：

```
from sklearn import linear_model
x = train_set[:,0:30]      # mean radius
y = train_labels           # 0: malignant, 1: benign
log_regress = linear_model.LogisticRegression()
log_regress.fit(X = x,
                y = y)
```

本例使用数据集中的所有 30 个特性对其进行训练。训练结束后，打印出截距和模型系数：

```
print(log_regress.intercept_)    #
print(log_regress.coef_)         #
```

输出的显示截距和系数如下：

```
[0.34525124]
[[ 1.80079054e+00  2.55566824e-01 -3.75898452e-02 -5.88407941e-03
  -9.57624689e-02 -3.16671611e-01 -5.06608094e-01 -2.53148889e-01
```

```
   -2.26083101e-01 -1.03685977e-02 4.10103139e-03 9.75976632e-01
    2.02769521e-01 -1.22268760e-01 -8.25384020e-03 -1.41322029e-02
   -5.49980366e-02 -3.32935262e-02 -3.05606774e-02 1.09660157e-04
    1.62895414e+00 -4.34854352e-01 -1.50305237e-01 -2.32871932e-02
   -1.94311394e-01 -9.91201314e-01 -1.42852648e+00 -5.40594994e-01
   -6.28475690e-01 -9.04653541e-02]]
```

因为用 30 个特征训练了模型，所以有 30 个系数。

1. 测试模型

该进行预测了。下面的代码片段使用测试集并将其输入模型，以获得预测结果：

```python
import pandas as pd

#---get the predicted probablities and convert into a dataframe---
preds_prob = pd.DataFrame(log_regress.predict_proba(X=test_set))

#---assign column names to prediction---
preds_prob.columns = ["Malignant", "Benign"]

#---get the predicted class labels---
preds = log_regress.predict(X=test_set)
preds_class = pd.DataFrame(preds)
preds_class.columns = ["Prediction"]

#---actual diagnosis---
original_result = pd.DataFrame(test_labels)
original_result.columns = ["Original Result"]

#---merge the three dataframes into one---
result = pd.concat([preds_prob, preds_class, original_result],
axis=1)
print(result.head())
```

然后将预测结果打印出来。预测与原始诊断并列显示，这样便于比较：

```
  Malignant       Benign  Prediction  Original Result
0  0.999812  1.883317e-04           0                0
1  0.998356  1.643777e-03           0                0
2  0.057992  9.420079e-01           1                1
3  1.000000  9.695339e-08           0                0
4  0.207227  7.927725e-01           1                0
```

2. 得到混淆矩阵

虽然将预测结果与来自测试集的原始诊断结果一起打印出来是有用的，但它并不能清楚地说明，该模型在预测肿瘤癌变方面有多好。更科学的方法是使用混淆矩阵。混淆矩阵显示了实际标签和预测标签的数量，以及正确分类的标签数量。可使用 Pandas 的 crosstab()函数打印出混淆矩阵：

```
#---generate table of predictions vs actual---
print("---Confusion Matrix---")
print(pd.crosstab(preds, test_labels))
```

crosstab()函数计算两个因子的简单交叉表。上面的代码片段输出以下内容：

```
---Confusion Matrix---
col_0    0    1
row_0
0       48    3
1        5   87
```

输出的解释如图 7.17 所示。

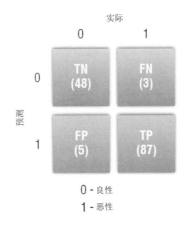

图 7.17　预测的混淆矩阵

列表示实际诊断(0 表示恶性，1 表示良性)。行表示预测。每一个方格代表如下。

- 真阳性(True Positive，TP)：模型正确预测结果为阳性。在本例中，TP 为 87，表示正确预测肿瘤为良性的数目。
- 真阴性(True Negative，TN)：模型正确预测结果为阴性。在本例中，肿瘤被正确地预测为恶性。

- 假阳性(False Positive，FP)：模型错误地预测结果为阳性，但实际结果为阴性。在这个例子中，这意味着肿瘤实际上是恶性的，但是模型预测肿瘤是良性的。
- 假阴性(False Negative，FN)：模型错误地预测结果为阴性，但实际结果为阳性。在这个例子中，这意味着肿瘤实际上是良性的，但模型预测肿瘤是恶性的。

这组数字称为混淆矩阵。

除了使用crosstab()函数外，还可使用confusion_matrix()函数打印出混淆矩阵：

```
from sklearn import metrics
#---view the confusion matrix---
print(metrics.confusion_matrix(y_true = test_labels, # True labels
                               y_pred = preds)) # Predicted labels
```

注意，输出被转换为行和列。

```
[[48 5]
 [ 3 87]]
```

3. 计算准确性(Accuracy)、查全率(Recall)、精度(Precision)和其他指标

根据混淆矩阵，可以计算出以下指标。

- 准确性：这是所有正确预测的总和除以预测总数，数学公式是：

  (TP+TN)/(TP+TN+FP+FN)

  这个指标很容易理解。毕竟，如果模型能正确预测出 100 个样本中的 99 个，那么它的精度是 0.99，这在现实世界中是非常重要的。但是考虑以下情况：假设试图根据样本数据预测设备的故障。在 1000 个样品中，只有 3 个是次品。如果使用一个总是对所有结果返回负值(意味着没有失败)的哑算法，那么准确率为 997/1000，即 0.997。这令人印象深刻，但这是否意味着这是一个好的算法？不。如果在包含 1000 项的数据集中有 500 个缺陷项，则准确性指标表示的是算法的缺陷。简而言之，准确性最适用于均匀分布的数据点，但不适用于倾斜的数据集。图 7.18 总结了计算准确性的公式。
- 精度：这个指标定义为 TP/(FP+TP)。这个指标与正确的正面预测数有关。可以把精度看成"在预测为正的数目中，实际上有多少预测是正确的？"图 7.19 总结了计算精度的公式。
- 查全率(也称为真阳性率(TPR))：该指标定义为 TP/(FN+TP)。这个指标与最近预测的正面事件数有关。可以把查全率看成"在正面的事件中，有多少是正确预测的？"图 7.20 总结了查全率公式。

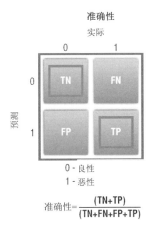

图 7.18　计算准确性的公式

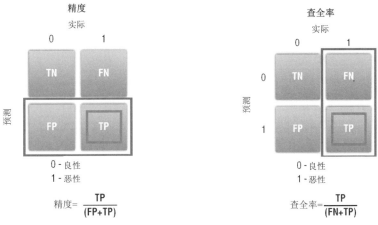

图 7.19　计算精度的公式　　　　　　图 7.20　计算查全率的公式

- F1 分数：该指标定义为 2×(精度×查全率)/(精度+查全率)。这就是所谓的精度和查全率的调和平均值，用一个数字来概括算法的评价是一种很好的方法。
- 假阳性率(FPR)：该指标定义为 FP/(FP+TN)。FPR 对应的是误以为正的负数据点占所有负数据点的比例。换句话说，FPR 越高，错误分类的负面数据点就越多。

精度和查全率的概念可能不那么清晰，但是如果考虑以下场景，就会清楚得多。考虑乳腺癌的诊断。如果恶性肿瘤为阴性，良性肿瘤为阳性，可得出以下结论。

- 如果精度或查全率较高，说明良性肿瘤的诊断正确率较高，算法较好。
- 如果精度较低，则意味着更多恶性肿瘤患者被诊断为良性。

● 如果查全率较低，则意味着更多良性肿瘤患者被诊断为恶性。

最后两点，精度低比查全率低更严重(尽管在没有乳腺癌的时候被错误地诊断为患有乳腺癌，很可能会导致不必要的治疗和精神痛苦)，因为它会导致病人错过治疗，并可能导致死亡。因此，对于像诊断乳腺癌这样的病例，在评估 ML 算法的有效性时，同时考虑精度和查全率指标是很重要的。

要获得模型的准确性，可使用模型的 score()函数：

```
#---get the accuracy of the prediction---
print("---Accuracy---")
print(log_regress.score(X = test_set ,
                        y = test_labels))
```

结果如下：

```
---Accuracy---
0.9440559440559441
```

使用 Metrices 模块的 classification_ report()函数，可以得到模型的精度、查全率和 F1 分数：

```
# View summary of common classification metrics
print("---Metrices---")
print(metrics.classification_report(
      y_true = test_labels,
      y_pred = preds))
```

结果如下：

```
---Metrices---
          precision    recall    F1-score    support

        0      0.94       0.91        0.92         53
        1      0.95       0.97        0.96         90

avg / total    0.94       0.94        0.94        143
```

4. 接收机工作特性(ROC)曲线

有这么多可用的度量标准，有什么简单的方法来检查算法的有效性呢？一种方法是绘制接收机工作特性曲线(ROC)。通过将 TPR 与不同阈值设置下的 FPR 进行对比，来绘制 ROC 曲线。

那么它是如何工作的呢？下面看一个简单例子。使用正在处理的现有项目，基于默认阈值 0.5 推导出混淆矩阵(这意味着所有小于或等于 0.5 的预测概率都属于一个类，而大于 0.5 的则属于另一个类)。使用这个混淆矩阵，可以找到查全率、精度，随后可以确定 FPR 和 TPR。一旦找到 FPR 和 TPR，就可在图表中绘制该点，如图 7.21 所示。

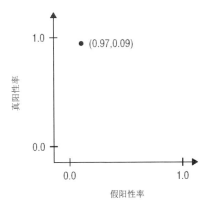

图 7.21　阈值 0.5 处的点

然后重新生成阈值为 0 的混淆矩阵，并重新计算查全率、准确性、FPR 和 TPR。使用新的 FPR 和 TPR 绘制图表上的另一点。然后对阈值为 0.1、0.2、0.3 等重复这个过程，一直到 1.0。

在阈值 0 时，为将肿瘤分类为良性(1)，预测概率必须大于 0。因此，所有的预测都将被归类为良性(1)。图 7.22 展示了如何计算 TPR 和 FPR。对于阈值为 0 的情形，TPR 和 FPR 都为 1。

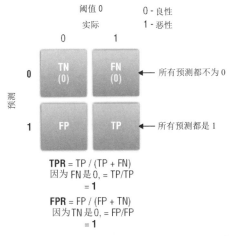

图 7.22　阈值为 0 时 TPR 和 FPR 的值

在阈值 1.0 时，为了将肿瘤分类为良性(1)，预测概率必须恰好等于 1。因此，所有的预测都被归为恶性(0)。图 7.23 展示了如何在阈值为 1.0 时计算 TPR 和 FPR。对于 1.0 阈值，TPR 和 FPR 都为 0。

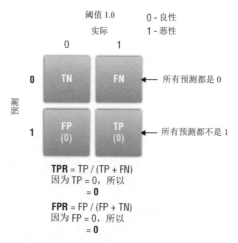

图 7.23　阈值为 1 时的 TPR 和 FPR 值

现在可在图表上再绘制两个点(见图 7.24)。

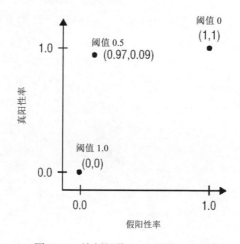

图 7.24　绘制阈值 0、0.5 和 1.0 的点

然后计算其他阈值的指标。基于不同的阈值计算所有度量是一个非常繁杂的过程。幸运的是,Scikit-learn 的 roc_ curve()函数会根据提供的测试标签和预测概率,自动计算 FPR 和 TPR:

```
from sklearn.metrics import roc_curve, auc

#---find the predicted probabilities using the test set
probs = log_regress.predict_proba(test_set)
preds = probs[:,1]
```

```
#---find the FPR, TPR, and threshold---
fpr, tpr, threshold = roc_curve(test_labels, preds)
```

roc_ curve()函数返回一个包含 FPR、TPR 和阈值的元组。可以把它们打印出来，以查看值：

```
print(fpr)
print(tpr)
print(threshold)
```

输出如下：

```
[0.         0.         0.01886792 0.01886792 0.03773585 0.03773585
 0.09433962 0.09433962 0.11320755 0.11320755 0.18867925 0.18867925
 1. ]

[0.01111111 0.88888889 0.88888889 0.91111111 0.91111111 0.94444444
 0.94444444 0.96666667 0.96666667 0.98888889 0.98888889 1.
 1. ]

[9.99991063e-01 9.36998422e-01 9.17998921e-01 9.03158173e-01
 8.58481867e-01 8.48217940e-01 5.43424515e-01 5.26248925e-01
 3.72174142e-01 2.71134211e-01 1.21486104e-01 1.18614069e-01
 1.31142589e-21]
```

从输出中可以看到，阈值从 0.99999 (9.99e-01)开始，然后下降到 1.311e-21。

5. 绘制 ROC 曲线，求曲线下面积(AUC)

要绘制 ROC，可以通过 matplotlib 使用存储在 fpr 和 tpr 变量中的值绘制折线图。可以使用 auc()函数来求 ROC 下的面积：

```
#---find the area under the curve---
roc_auc = auc(fpr, tpr)

import matplotlib.pyplot as plt
plt.plot(fpr, tpr, 'b', label = 'AUC = %0.2f' % roc_auc)
plt.plot([0, 1], [0, 1],'r--')
plt.xlim([0, 1])
plt.ylim([0, 1])
plt.ylabel('True Positive Rate (TPR)')
plt.xlabel('False Positive Rate (FPR)')
plt.title('Receiver Operating Characteristic (ROC)')
plt.legend(loc = 'lower right')
plt.show()
```

ROC 曲线下面积通常是测试有效性的度量，面积越大表示测试越有用。ROC 曲线下的面积用来比较测试的有效性。一般来说，应采用 AUC 最高的算法。

图 7.25 为 ROC 曲线和 AUC。

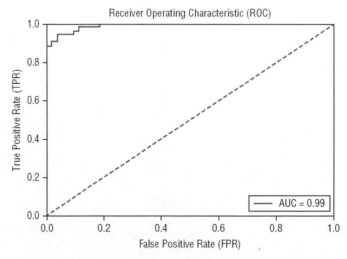

图 7.25　绘制 ROC 曲线，计算 AUC

7.3　本章小结

本章讨论了另一个监督机器学习算法——逻辑回归。首先介绍了 logit 函数以及如何将它转换为 sigmoid 函数。然后将逻辑回归应用于乳腺癌数据集，并用它来预测肿瘤是恶性还是良性。更重要的是，本章讨论了在确定机器学习算法有效性时有用的一些度量标准。此外，还分析了 ROC 曲线是什么，如何绘制它，以及如何计算曲线下的面积。

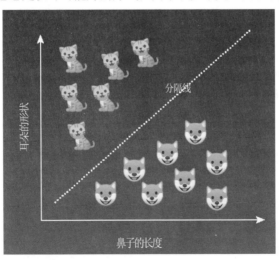

第 **8** 章

有监督的学习——使用支持向量机分类

8.1 什么是支持向量机?

上一章了解了如何使用逻辑回归执行分类。本章将学习另一种在数据科学家中也非常流行的有监督的机器学习算法——支持向量机(SVM)。与逻辑回归一样,SVM 也是一种分类算法。

SVM 的主要思想是以尽可能好的方式在两个或多个类之间绘制一条线(见图 8.1)。

图 8.1　使用 SVM 对两类动物进行分类

一旦绘制了分隔类的线，就可以用它来预测未来的数据。例如，给定一个新的未知动物的鼻子长度和耳朵形状，现在可以使用分界线作为分类器，来预测该动物是狗还是猫。

本章将了解 SVM 的工作原理，以及可以使用的各种技术来调整 SVM，解决非线性可分离的数据集。

8.1.1　最大的可分性

SVM 如何区分两个或多个类？考虑图 8.2 中的一组点。在看下一幅图之前，直观地想象一条直线，将这些点分成两组。

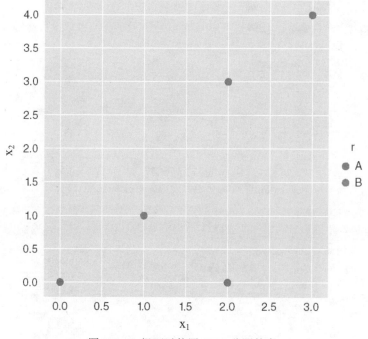

图 8.2　一组可以使用 SVM 分隔的点

现在看一下图 8.3，它显示了两条可能分隔这两组点的线。这就是你想要的吗？

虽然这两条线把点分成两组，但哪条线是正确的？对于 SVM 来说，右边的线的边距较大 (每个边距在每个类中至少通过一个点)，如图 8.4 所示。在图中，d_1 和 d_2 是边距的宽度。我们的目标是给分隔这两组点的边距找到最大可能的宽度。因此，这种情况下 d_2 是最大的。于是所选的线就是右边的那条。

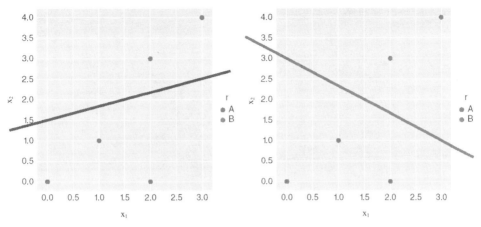

图 8.3 将点分成两类的两种可能方法

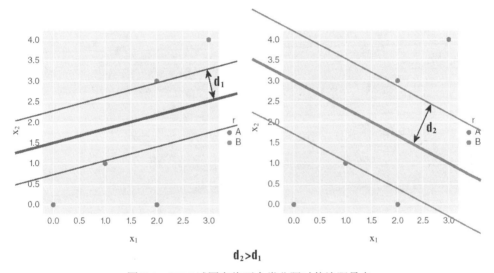

$d_2 > d_1$

图 8.4 SVM 试图在将两个类分隔时使边距最大

这两个边距中的每一个都与每组点的最近点相接触，这两个边距的中心称为超平面。超平面是分隔两组点的直线。我们用"超平面"这个词来代替"直线"，因为在 SVM 中，我们通常处理两个以上的维度，而使用"超平面"这个词更准确地表达了多维空间中平面的概念。

8.1.2 支持向量

SVM 中的一个关键术语是支持向量。支持向量是位于两个边距上的点。使用上一节的示例，图 8.5 显示了位于两个边距上的两个支持向量。

在本例中，有两个支持向量：每个类一个。

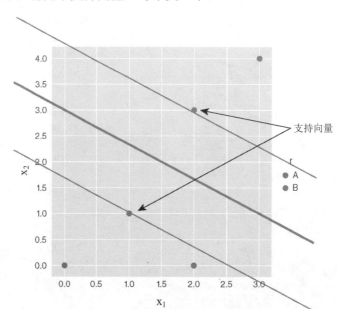

图 8.5　支持向量是位于边距上的点

8.1.3　超平面的公式

有了这一系列的点，下一个问题就是找到超平面的公式，以及两个边距。图 8.6 展示了得到超平面的公式，但没有深入研究其背后的数学原理。

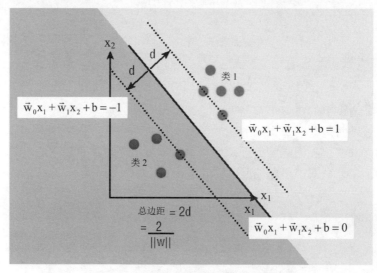

图 8.6　超平面及其伴随的两个边距的公式

从图 8.6 可以看出，超平面(g)的公式为：

$$g(x) = \vec{w}_0 x_1 + \vec{w}_1 x_2 + b$$

其中 x_1 和 x_2 是输入，w_0 和 w_1 是权重向量，b 是偏差。

如果 g 的值>=1，那么指定的点在类 1 中，如果 g 的值<=1，那么指定的点在类 2 中。如前所述，SVM 的目标是找到划分类的最大边距，总边距(2d)定义为：

$$2 / \|w\|$$

其中 w 是规范化的权重向量($w_0$0 和 w_1)。使用训练集，目标是最小化 w 的值，以得到类间最大的可分性。这样，就可以得到 w_0、w_1, b 的值。

求边距是一个受约束的优化问题，可以用拉格乘子法求解。讨论如何基于数据集确定边距超出了本书的范围，但只要说明我们将使用 Scikit-learn 库来确定它们就足够了。

8.1.4　为 SVM 使用 Scikit-learn

现在看一个例子，看看 SVM 是如何工作的，以及如何使用 Scikit-learn 实现它。本例有一个名为 svm.csv 的文件，包含以下数据：

```
x1,x2,r
0,0,A
1,1,A
2,3,B
2,0,A
3,4,B
```

首先用 Seaborn 绘制点：

```
%matplotlib inline
import pandas as pd
import numpy as np
import seaborn as sns; sns.set(font_scale=1.2)
import matplotlib.pyplot as plt

data = pd.read_csv('svm.csv')
sns.lmplot('x1', 'x2',
           data=data,
           hue='r',
           palette='Set1',
           fit_reg=False,
           scatter_kws={"s": 50});
```

图 8.7 显示了使用 Seaborn 绘制的点。

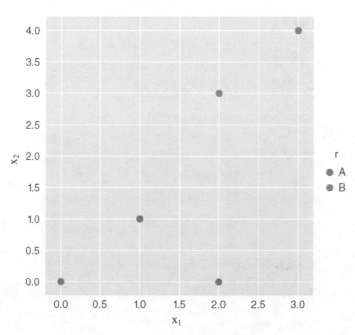

图 8.7 使用 Seaborn 绘制点

使用之前加载的数据点，现在借助 Scikit-learn 的 svm 模块的 SVC 类来获得各种变量的值，否则就需要计算这些变量。下面的代码片段使用线性内核来解决这个问题。线性内核假设数据集可以线性分离。

```
from sklearn import svm
#---Converting the Columns as Matrices---
points = data[['x1','x2']].values
result = data['r']

clf = svm.SVC(kernel = 'linear')
clf.fit(points, result)

print('Vector of weights (w) = ',clf.coef_[0])
print('b = ',clf.intercept_[0])
print('Indices of support vectors = ', clf.support_)
print('Support vectors = ', clf.support_vectors_)
print('Number of support vectors for each class = ', clf.n_support_)
print('Coefficients of the support vector in the decision function = ',
      np.abs(clf.dual_coef_))
```

SVC 代表支持向量分类。svm 模块包含一系列实现 svm 的类，用于不同目的。

svm.LinearSVC：线性支持向量分类

svm.LinearSVR：线性支持向量回归

svm.NuSVC：Nu-支持向量分类

svm.NuSVR：Nu-支持向量回归

svm.OneClassSVM：无监督的异常点检测

svm.SVC：C-支持向量分类

svm.SVR：Epsilon-支持向量回归

提示：

对于本章，重点是使用 SVM 进行分类，即使 SVM 也可以用于回归。

以上代码段的输出如下：

```
Vector of weights (w) = [0.4 0.8]
b = -2.2
Indices of support vectors = [1 2]
Support vectors = [[1. 1.]
 [2. 3.]]
Number of support vectors for each class = [1 1]
Coefficients of the support vector in the decision function = [[0.4
0.4]]
```

可以看到，权重的向量已确定为[0.4 0.8]，这意味着 $\vec{w}_0$ 现在是 0.4，$\vec{w}_1$ 现在是 0.8，b 的值是-2.2，有两个支持向量。支持向量的下标为 1 和 2，表示加粗的点：

```
x1  x2  r
0   0   0  A
1   1   1  A
2   2   3  B
3   2   0  A
4   3   4  B
```

图 8.8 显示了公式中的各个变量与代码片段中的变量之间的关系。

$$g(x) = \vec{w}_0 x_1 + \vec{w}_1 x_2 + b$$

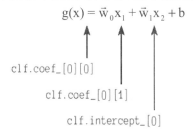

```
clf.coef_[0][0]
clf.coef_[0][1]
clf.intercept_[0]
```

图 8.8　公式中的变量与代码段中的变量之间的关系

8.1.5 绘制超平面和边距

得到所有变量的值后，就该绘制超平面及其两个伴随的边距了。还记得超平面的公式吗？如下：

$$g(x) = \vec{w}_{0x_1} + \vec{w}_{1x_2} + b$$

要绘制超平面，设 $\vec{w}_{0x_1} + \vec{w}_{1x_2} + b$ 为 0，如下：

$$\vec{w}_{0x_1} + \vec{w}_{1x_2} + b = 0$$

为了绘制超平面(在本例中是直线)，需要两个点:一个在 x 轴上，一个在 y 轴上。

利用上面的公式，当 x_1 为 0 时，可以解出 x_2：

$$\vec{w}_0(0) + \vec{w}_{1x2} + b = 0$$
$$\vec{w}_{1x2} = -b$$
$$x_2 = -b / \vec{w}_1$$

当 $x_2 = 0$ 时，可解出 x：

$$\vec{w}_{0x1} + \vec{w}_1(0) + b = 0$$
$$\vec{w}_{0x1} = -b$$
$$x_1 = -b / \vec{w}_0$$

点(0，$-b/w_1$)是直线的 y 轴截距。图 8.9 显示了两个坐标轴上的两点。

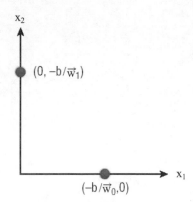

图 8.9　超平面的两个截距

一旦找到每个轴上的点，就可以计算出斜率，如下：

$$\text{Slope} = (-b / \vec{w}_1) / (b / \vec{w}_0)$$
$$\text{Slope} = -(\vec{w}_0 / \vec{w}_1)$$

找到直线的斜率和 y 轴截距后，就可以绘制超平面了。如下面的代码片段所示：

```
#---w is the vector of weights---
w = clf.coef_[0]

#---find the slope of the hyperplane---
slope = -w[0] / w[1]

b = clf.intercept_[0]

#---find the coordinates for the hyperplane---
xx = np.linspace(0, 4)
yy = slope * xx - (b / w[1])

#---plot the margins---
s = clf.support_vectors_[0] #---first support vector---
yy_down = slope * xx + (s[1] - slope * s[0])

s = clf.support_vectors_[-1] #---last support vector---
yy_up = slope * xx + (s[1] - slope * s[0])

#---plot the points---
sns.lmplot('x1', 'x2', data=data, hue='r', palette='Set1',
fit_reg=False, scatter_kws={"s": 70})

#---plot the hyperplane---
plt.plot(xx, yy, linewidth=2, color='green');

#---plot the 2 margins---
plt.plot(xx, yy_down, 'k--')
plt.plot(xx, yy_up, 'k--')
```

图 8.10 显示了超平面和两个边距。

8.1.6　进行预测

记住，SVM 的目标是将点分成两个或更多的类，以用它来预测未来点的类。使用 SVM 训练了模型后，现在可使用模型执行一些预测。

下面的代码片段使用已训练的模型，执行一些预测：

```
print(clf.predict([[3,3]])[0]) # 'B'
print(clf.predict([[4,0]])[0]) # 'A'
print(clf.predict([[2,2]])[0]) # 'B'
print(clf.predict([[1,2]])[0]) # 'A'
```

根据图 8.10 所示的图表检查这些点，看看是否有意义。

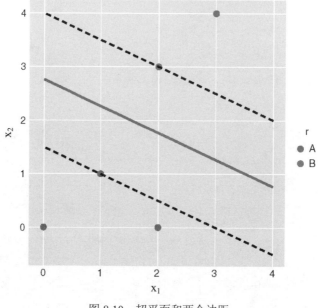

图 8.10　超平面和两个边距

8.2　内核的技巧

有时，数据集中的点并不总是线性可分的。考虑图 8.11 中所示的点。

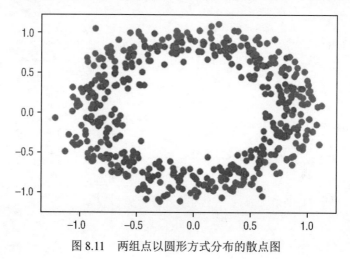

图 8.11　两组点以圆形方式分布的散点图

可以看出，不可能画一条直线来分隔这两组点。然而，通过一些操作，可以使这组点线性可分。这种技术称为内核技巧。内核技巧是机器学习中的一种技术，它将数据转换成一个更高维度的空间，这样，在转换后，数据类之间就有了一个清晰的分界线。

8.2.1　添加第三个维度

为此，可以添加第三个维度，比如 z 轴，并将 z 定义为：

$z=x^2+y^2$

一旦用三维图绘制这些点，这些点现在就是可线性分隔的。除非把这些点画出来，否则很难可视化它们。如下面的代码片段所示：

```
%matplotlib inline

from mpl_toolkits.mplot3d import Axes3D
import matplotlib.pyplot as plt
import numpy as np
from sklearn.datasets import make_circles

#---X is features and c is the class labels---
X, c = make_circles(n_samples=500, noise=0.09)

rgb = np.array(['r', 'g'])
plt.scatter(X[:, 0], X[:, 1], color=rgb[c])
plt.show()

fig = plt.figure(figsize=(18,15))
ax = fig.add_subplot(111, projection='3d')
z = X[:,0]**2 + X[:,1]**2
ax.scatter(X[:, 0], X[:, 1], z, color=rgb[c])
plt.xlabel("x-axis")
plt.ylabel("y-axis")
plt.show()
```

首先使用 make_circles()函数创建两组随机点(总共 500 个点)，以圆形方式分布。然后将它们绘制在 2D 图表上(如图 8.11 所示)。接着添加第三个轴，z 轴，并在 3D 中绘制图表(见图 8.12)。

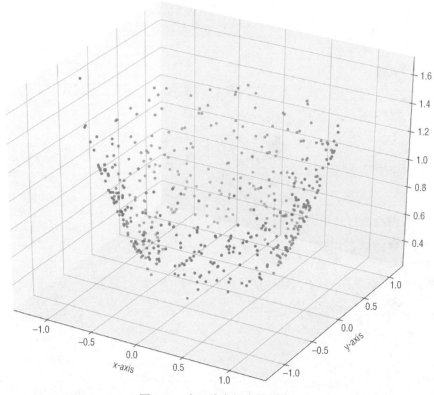

图 8.12　在三维空间中绘制点

提示：

如果使用 Python 命令在 Terminal 中运行前面的代码(只需要删除代码段顶部的%matplotlib inline 语句)，就可以旋转图表并与之交互。图 8.13 显示了 3D 图表的不同透视图。

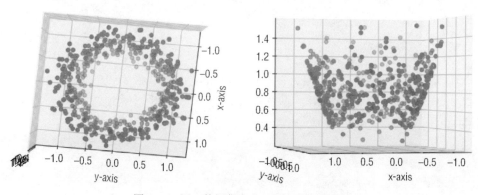

图 8.13　同一数据集在 3D 中的不同透视图

8.2.2　绘制三维超平面

将这些点绘制在 3D 图表中，现在使用 3D 来训练模型：

```
#---combine X (x-axis,y-axis) and z into single ndarray---
features = np.concatenate((X,z.reshape(-1,1)), axis=1)

#---use SVM for training---
from sklearn import svm

clf = svm.SVC(kernel = 'linear')
clf.fit(features, c)
```

首先，使用 np. concatenate()函数将三个轴合并成一个 ndarray。然后像往常一样训练模型。对于二维的线性可分点集，超平面的公式为：

$$g(x) = \vec{w}_{0x1} + \vec{w}_{1x2} + b$$

对于三维空间中的点集，公式如下：

$$g(x) = \vec{w}_{0x1} + \vec{w}_{1x2} + \vec{w}_{2x3} + b$$

特别是，$\vec{w}_2$ 现在由 clf.coef_0][2]表示，如图 8.14 所示。

$$g(x) = \vec{w}_0 x_1 + \vec{w}_1 x_2 + \vec{w}_2 x_3 + b$$

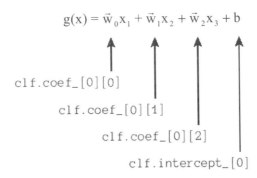

```
clf.coef_[0][0]
    clf.coef_[0][1]
        clf.coef_[0][2]
            clf.intercept_[0]
```

图 8.14　三维超平面的公式及其代码片段中的对应变量

下一步是在 3D 中绘制超平面。为此，需要确定 x_3 的值，x_3 可以导出，如图 8.15 所示。

$$\vec{w}_0 x_1 + \vec{w}_1 x_2 + \vec{w}_2 x_3 + b = 0$$

$$\vec{w}_2 x_3 = -\vec{w}_0 x_1 - \vec{w}_1 x_2 - b$$

$$x_3 = \frac{-\vec{w}_0 x_1 - \vec{w}_1 x_2 - b}{\vec{w}_2}$$

图 8.15　三维超平面的求解公式

这可用代码表示如下：

```
x3 = lambda x,y: (-clf.intercept_[0] - clf.coef_[0][0] *
x-clf.coef_[0][1] * y) / clf.coef_[0][2]
```

要绘制三维超平面，使用 plot_surface()函数：

```
tmp = np.linspace(-1.5,1.5,100)
x,y = np.meshgrid(tmp,tmp)

ax.plot_surface(x, y, x3(x,y))
plt.show()
```

整个代码片段如下：

```
from mpl_toolkits.mplot3d import Axes3D
import matplotlib.pyplot as plt
import numpy as np
from sklearn.datasets import make_circles

#---X is features and c is the class labels---
X, c = make_circles(n_samples=500, noise=0.09)
z = X[:,0]**2 + X[:,1]**2

rgb = np.array(['r', 'g'])

fig = plt.figure(figsize=(18,15))
ax = fig.add_subplot(111, projection='3d')
ax.scatter(X[:, 0], X[:, 1], z, color=rgb[c])
plt.xlabel("x-axis")
plt.ylabel("y-axis")
# plt.show()

#---combine X (x-axis,y-axis) and z into single ndarray---
features = np.concatenate((X,z.reshape(-1,1)), axis=1)

#---use SVM for training---
from sklearn import svm
```

```
clf = svm.SVC(kernel = ' linear ' )
clf.fit(features, c)
x3 = lambda x,y: (-clf.intercept_[0] - clf.coef_[0][0] *
x-clf.coef_[0][1] * y) / clf.coef_[0][2]
tmp = np.linspace(-1.5,1.5,100)
x,y = np.meshgrid(tmp,tmp)

ax.plot_surface(x, y, x3(x,y))
plt.show()
```

图 8.16 显示了在 3D 中绘制的超平面和点。

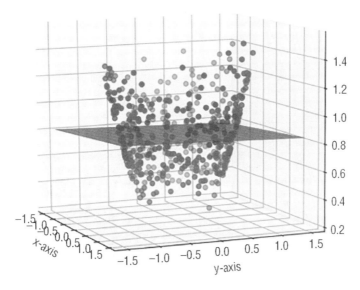

图 8.16　3D 超平面分隔两组点

8.3　内核的类型

到目前为止，我们只讨论了一种 SVM，即线性 SVM。顾名思义，线性 SVM 使用直线来分离这些点。上一节还介绍了如何使用内核技巧来分离以圆形方式分布的两组数据，然后使用线性 SVM 来分离它们。

有时，并非所有的点都可以线性分离，也不能使用上一节中观察到的内核技巧来分离它们。对于这种类型的数据，需要"弯曲"线条来分隔它们。在机器学习中，内核是将数据从非线性空间转换为线性空间的函数(见图 8.17)。

为理解内核是如何工作的，下面以 Iris 数据集为例进行讲解。下面的代码片段加载 Iris 数据集并打印出特性、目标和目标名称：

189

```
%matplotlib inline
import pandas as pd
import numpy as np
from sklearn import svm, datasets
import matplotlib.pyplot as plt

iris = datasets.load_iris()
print(iris.data[0:5])     # print first 5 rows
print(iris.feature_names) # ['sepal length (cm)', 'sepal width (cm)',
                          # 'petal length (cm)', 'petal width (cm)']
print(iris.target[0:5])   # print first 5 rows
print(iris.target_names)  # ['setosa' 'versicolor' 'virginica']
```

为说明这一点，只使用 Iris 数据集的前两个特性：

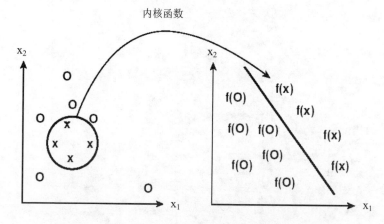

图 8.17　内核函数将数据从非线性空间转换为线性空间

```
X = iris.data[:, :2] # take the first two features
y = iris.target
```

下面使用散点图来绘制这些点(见图 8.18)：

```
#---plot the points---
colors = ['red', 'green', 'blue']
for color, i, target in zip(colors, [0, 1, 2], iris.target_names):
    plt.scatter(X[y==i, 0], X[y==i, 1], color=color, label=target)

plt.xlabel('Sepal length')
plt.ylabel('Sepal width')
plt.legend(loc='best', shadow=False, scatterpoints=1)

plt.title('Scatter plot of Sepal width against Sepal length')
plt.show()
```

接下来，使用带线性内核的 SVC 类：

```
C = 1 # SVM regularization parameter
clf = svm.SVC(kernel='linear', C=C).fit(X, y)
title = 'SVC with linear kernel'
```

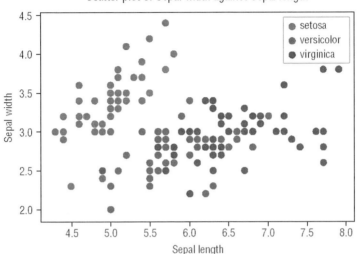

图 8.18　Iris 数据集前两个特征的散点图

提示：

注意这次有了一个新的参数 C，稍后将讨论它。

这次使用 contourf()函数将这三组鸢尾花绘制成不同的颜色，而不是用线条来分隔它们：

```
#---min and max for the first feature---
x_min, x_max = X[:, 0].min() - 1, X[:, 0].max() + 1

#---min and max for the second feature---
y_min, y_max = X[:, 1].min() - 1, X[:, 1].max() + 1

#---step size in the mesh---
h = (x_max / x_min)/100

#---make predictions for each of the points in xx,yy---
xx, yy = np.meshgrid(np.arange(x_min, x_max, h),
                     np.arange(y_min, y_max, h))
```

```
Z = clf.predict(np.c_[xx.ravel(), yy.ravel()])

#---draw the result using a color plot---
Z = Z.reshape(xx.shape)
plt.contourf(xx, yy, Z, cmap=plt.cm.Accent, alpha=0.8)

#---plot the training points---
colors = ['red', 'green', 'blue']
for color, i, target in zip(colors, [0, 1, 2], iris.target_names):
    plt.scatter(X[y==i, 0], X[y==i, 1], color=color, label=target)
plt.xlabel('Sepal length')
plt.ylabel('Sepal width')
plt.title(title)
plt.legend(loc='best', shadow=False, scatterpoints=1)
```

图 8.19 为 SVM 线性内核函数确定的散点图和组。

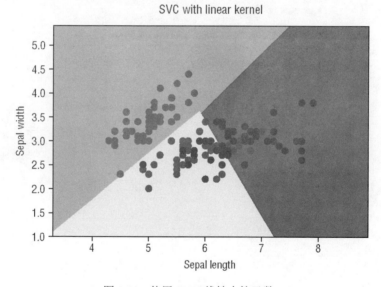

图 8.19　使用 SVM 线性内核函数

一旦训练结束，就进行一些预测：

```
predictions = clf.predict(X)
print(np.unique(predictions, return_counts=True))
```

上述代码片段返回以下内容：

```
(array([0, 1, 2]), array([50, 53, 47]))
```

这意味着在用 Iris 数据集训练模型后，将 50 个分类为 setosa，53 个分类为 versicolor，47 个分类为 virginica。

8.3.1 C

上一节看到了 C 参数的使用：

```
C = 1
clf = svm.SVC(kernel='linear', C=C).fit(X, y)
```

C 称为误差项的惩罚参数。它控制了平滑决策边界和正确分类训练点之间的权衡。例如，如果 C 的值很高，SVM 算法就试图确保所有的点都被正确分类。这样做的缺点是可能导致更窄的边距，如图 8.20 所示。

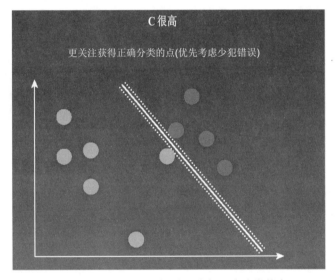

图 8.20　较高的 C 更侧重于获得正确分类的点

相比之下，较低的 C 旨在获得尽可能大的边距宽度，但导致某些点被错误分类(见图 8.21)。

图 8.22 显示了在应用 SVM 线性内核算法时，改变 C 值的效果。分类的结果显示在每个图表的底部。

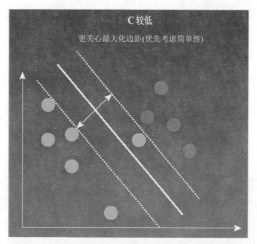

图 8.21　较低的 C 旨在获得最大的边距，但一些点的分类可能是错误的

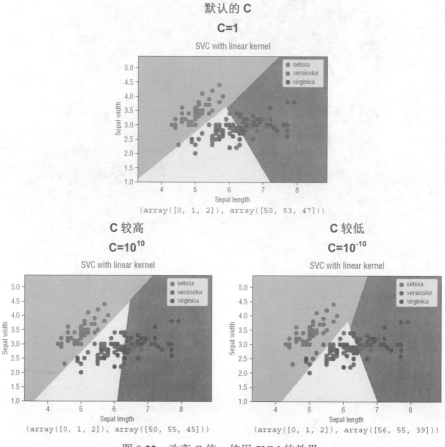

图 8.22　改变 C 值，使用 SVM 的效果

注意,当 C 为 1 或 10^{10} 时,分类结果之间没有太大差异。然而,当 C 很小(10^{-10})时,可以看到许多点(属于 versicolor 和 virginica)现在被错误地分类为 setosa。

提示:

简而言之,较低的 C 使决策表面光滑,同时试图分类大多数点,而较高的 C 试图正确分类所有的点。

8.3.2　径向基函数(RBF)内核

除了目前看到的线性内核,还有一些常用的非线性内核:

- 径向基函数(RBF),又称高斯内核函数
- 多项式

第一个是 RBF,它根据每个点到原点或固定中心的距离(通常在欧几里得空间上)为每个点赋值。下面使用与上一节相同的示例,但这次修改内核以使用 rbf:

```
C = 1
clf = svm.SVC(kernel= ' rbf ' , gamma='auto', C=C).fit(X, y)
title = 'SVC with RBF kernel'
```

图 8.23 显示了使用 RBF 内核训练的示例。

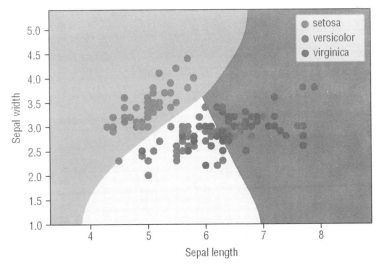

图 8.23　使用 RBF 内核训练的 Iris 数据集

8.3.3 gamma

如果仔细查看代码片段，会发现一个新的参数 gamma，它定义了单个训练示例的影响范围。考虑图 8.24 中所示的一组点，其中有两类点——x 点和 o 点。

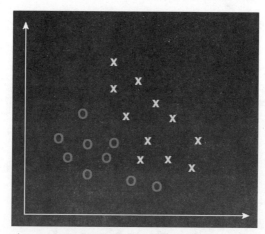

图 8.24　属于两个类的一组点

较低的 gamma 值表示每个点都有较远的距离(见图 8.25)。另一方面，较高的 gamma 值意味着最接近决策边界的点有一个很近的距离。gamma 值越高，就越会尝试准确地拟合训练数据集，从而导致过度拟合(见图 8.26)。

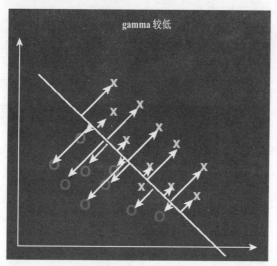

图 8.25　较低的 gamma 值允许每个点具有相同的距离

图 8.27 显示了使用 RBF 对这些点进行分类的情况，并且 C 和 gamma 值在不断变化。

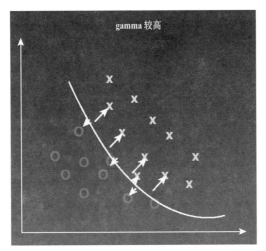

图 8.26　高 gamma 值更关注靠近边界的点

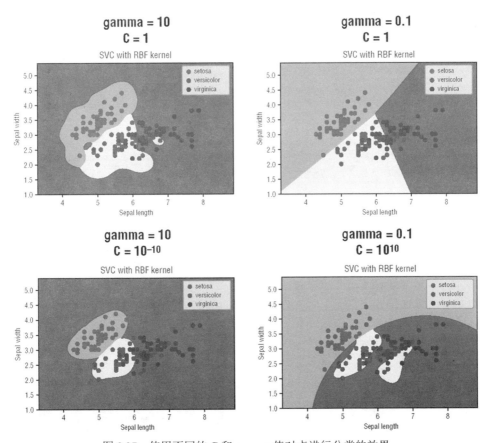

图 8.27　使用不同的 C 和 gamma 值对点进行分类的效果

注意，如果 gamma 值很高(10)，就会发生过度拟合。从图中还可以看出，C 的值控制着曲线的平滑度。

提示：

综上所述，C 控制着边界的光滑性，gamma 确定点是否过度拟合。

8.3.4 多项式内核

另一种类型的内核称为多项式内核。次数为 1 的多项式内核与线性内核相似。高次多项式内核提供了更灵活的决策边界。下面的代码片段显示了使用 4 次多项式内核训练的 Iris 数据集：

```
C = 1 # SVM regularization parameter
clf = svm.SVC(kernel='poly', degree= 4, C=C, gamma='auto').fit(X, y)
title = 'SVC with polynomial (degree 4) kernel'
```

图 8.28 显示了用 1 到 4 次多项式内核分隔的数据集。

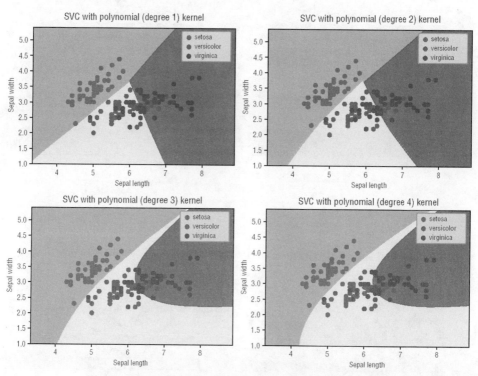

图 8.28　利用不同次数的多项式内核对 Iris 数据集进行分类

8.4　使用 SVM 解决实际问题

最后，将 SVM 应用于日常生活中的一个常见问题。考虑以下数据集(保存在名为 house_sizes_prices_svm.csv 的文件中)，其中包含特定区域的房屋大小及其要价(以千为单位)：

```
size,price,sold
550,50,y
1000,100,y
1200,123,y
1500,350,n
3000,200,y
2500,300,y
750, 45,y
1500,280,n
780,400,n
1200, 450,n
2750, 500,n
```

第三列表示房子是否已售出。使用这个数据集，来确定具有特定要价的房子能否出售。

首先画出这些点：

```
%matplotlib inline

import pandas as pd
import numpy as np
from sklearn import svm
import matplotlib.pyplot as plt
import seaborn as sns; sns.set(font_scale=1.2)

data = pd.read_csv('house_sizes_prices_svm.csv')

sns.lmplot('size', 'price',
           data=data,
           hue='sold',
           palette='Set2',
           fit_reg=False,
           scatter_kws={"s": 50});
```

图 8.29 显示了作为散点图绘制的点。

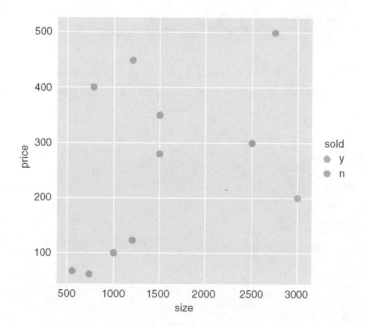

图 8.29 在散点图上绘制点

从直观上看，这是一个可用 SVM 的线性内核来解决的问题：

```
X = data[['size','price']].values
y = np.where(data['sold']=='y', 1, 0) #--1 for Y and 0 for N---
model = svm.SVC(kernel='linear').fit(X, y)
```

使用经过训练的模型，现在可执行预测并绘制两个类：

```
#---min and max for the first feature---
x_min, x_max = X[:, 0].min() - 1, X[:, 0].max() + 1

#---min and max for the second feature---
y_min, y_max = X[:, 1].min() - 1, X[:, 1].max() + 1

#---step size in the mesh---
h = (x_max / x_min) / 20

#---make predictions for each of the points in xx,yy---
xx, yy = np.meshgrid(np.arange(x_min, x_max, h),
                     np.arange(y_min, y_max, h))

Z = model.predict(np.c_[xx.ravel(), yy.ravel()])

#---draw the result using a color plot---
```

```
Z = Z.reshape(xx.shape)
plt.contourf(xx, yy, Z, cmap=plt.cm.Blues, alpha=0.3)

plt.xlabel('Size of house')
plt.ylabel('Asking price (1000s)')
plt.title("Size of Houses and Their Asking Prices")
```

图 8.30 显示了它们所属的点和类。

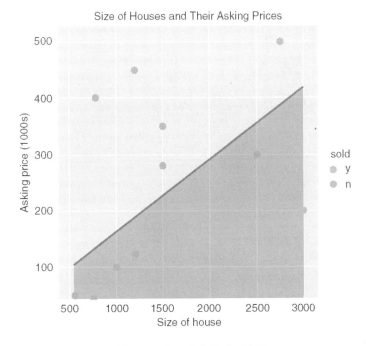

图 8.30　将这些点分成两个类

现在，可以试着预测一套特定大小、特定售价的房子能否卖出：

```
def will_it_sell(size, price):
    if(model.predict([[size, price]]))==0:
        print('Will not sell!')
    else:
        print('Will sell!')

#---do some prediction---
will_it_sell(2500, 400) # Will not sell!
will_it_sell(2500, 200) # Will sell!
```

8.5　本章小结

你在本章学习了支持向量机如何帮助分类问题，了解了确定超平面以及伴随的两个边距的公式。幸运的是，Scikit-learn 提供了使用 SVM 训练模型所需的类，通过返回的参数，能够可视化地绘制超平面和边距，以便理解 SVM 的工作原理。本章还讨论了可应用于 SVM 算法的各种内核，以便数据集可线性分离。

## 第 9 章

有监督的学习——
使用 k-近邻(kNN)分类

9.1　k-近邻是什么?

前面讨论了三种有监督的学习算法:线性回归、逻辑回归和支持向量机。本章将深入研究另一种有监督的机器学习算法,称为k-近邻(k-Nearest Neighbors, kNN)。

与前几章讨论的其他算法相比,kNN 是一个相对简单的算法。它的工作原理是比较查询实例与其他训练样本的距离,并选择最近的 k 个邻居(因此得名)。然后,它将这些 k 个邻类中的大多数作为查询实例的预测。

图 9.1 很好地总结了这一点。当 k = 3 时,离圆最近的三个邻居是两个正方形和一个三角形。根据简单的多数原则,圆被划分为正方形。如果 k = 5,那么最近的 5 个邻居是两个正方形和三个三角形。因此,圆被划分为三角形。

提示:

kNN 除用于分类外,有时也用于回归。例如,它可用来计算 k 个近邻的数值目标的平均值。然而,本章只关注它作为分类算法的更常见用途。

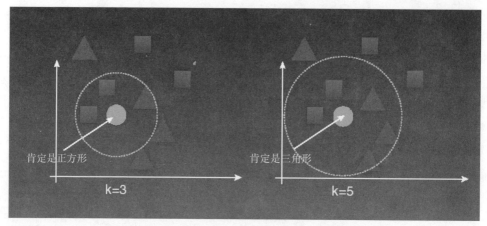

图 9.1　一个点的分类取决于它的大多数邻居

9.1.1　用 Python 实现 kNN

了解了 kNN 的工作原理，下面就尝试使用 Python 从头实现 kNN。与往常一样，首先导入需要的模块：

```
import pandas as pd
import numpy as np
import operator
import seaborn as sns
import matplotlib.pyplot as plt
```

1. 绘制的点

本例使用一个名为 knn.csv 的文件，其中包含以下数据：

```
x,y,c
1,1,A
2,2,A
4,3,B
3,3,A
3,5,B
5,6,B
5,4,B
```

如前几章所述，一个很好的方法是使用 Seaborn 来绘制这些点：

```
data = pd.read_csv("knn.csv")
sns.lmplot('x', 'y', data=data,
           hue='c', palette='Set1',
           fit_reg=False, scatter_kws={"s": 70})
```

```
plt.show()
```

图 9.2 显示了各个点的分布情况。属于 A 类的点显示为红色(本书黑白印刷，显示为深灰色)，而属于 B 类的点显示为蓝色(本书显示为浅灰色)。

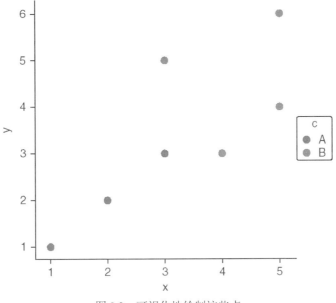

图 9.2 可视化地绘制这些点

2. 计算两点之间的距离

为了找到给定点的最近邻居，需要计算两点之间的欧氏距离。

提示：

在几何中，欧几里得空间包括二维欧几里得平面、欧几里得几何的三维空间和类似的高维空间。

给定两点，$p=(p_1, p_2, ..., p_n)$和$q=(q_1, q_2, ...,q_n)$，p 与 q 的距离由下式给出：

$$\sqrt{\left((q_1-p_1)^2+(q_2-p_2)^2+...+(q_n-p_n)^2\right)}$$

根据这个公式，现在可定义一个名为 euclidean_ distance()的函数，如下：

```
#---to calculate the distance between two points---
def euclidean_distance(pt1, pt2, dimension):
    distance = 0
    for x in range(dimension):
        distance += np.square(pt1[x] - pt2[x])
```

```
    return np.sqrt(distance)
```

Euclidean _ distance()函数可以求出任意维度上两点之间的距离。在这个例子中，我们处理的点是二维的。

3. 实现 kNN

接下来，定义一个名为 knn()的函数，它接受训练点、测试点和 k 值：

```
#---our own KNN model---
def knn(training_points, test_point, k):
    distances = {}

    #---the number of axes we are dealing with---
    dimension = test_point.shape[1]

    #--calculating euclidean distance between each
    # point in the training data and test data
    for x in range(len(training_points)):
        dist = euclidean_distance(test_point, training_points.iloc[x],
                                  dimension)
        #---record the distance for each training points---
        distances[x] = dist[0]

    #---sort the distances---
    sorted_d = sorted(distances.items(), key=operator.itemgetter(1))

    #---to store the neighbors---
    neighbors = []

    #---extract the top k neighbors---
    for x in range(k):
        neighbors.append(sorted_d[x][0])

    #---for each neighbor found, find out its class---
    class_counter = {}
    for x in range(len(neighbors)):
        #---find out the class for that particular point---
        cls = training_points.iloc[neighbors[x]][-1]
        if cls in class_counter:
            class_counter[cls] += 1
        else:
            class_counter[cls] = 1

#---sort the class_counter in descending order---
sorted_counter = sorted(class_counter.items(),
```

```
                                    key=operator.itemgetter(1),
                                    reverse=True)
```

```
#---return the class with the most count, as well as the
#neighbors found---
return(sorted_counter[0][0], neighbors)
```

函数返回测试点所属的类，以及所有最近 k 个邻居的索引。

4. 进行预测

定义了 knn()函数后，现在可执行一些预测：

```
#---test point---
test_set = [[3,3.9]]
test = pd.DataFrame(test_set)
cls,neighbors = knn(data, test, 5)
print("Predicted Class: " + cls)
```

上述代码段的输出如下：

```
Predicted Class: B
```

5. 可视化 k 的不同值

能够可视化应用不同 k 值的效果是很有用的。下面的代码片段根据 k 值在测试点周围画了一系列同心圆，k 的取值范围为 7 到 1，步长为-2：

```
#---generate the color map for the scatter plot---
#---if column 'c' is A, then use Red, else use Blue---
colors = ['r' if i == 'A' else 'b' for i in data['c']]
ax = data.plot(kind='scatter', x='x', y='y', c = colors)
plt.xlim(0,7)
plt.ylim(0,7)

#---plot the test point---
plt.plot(test_set[0][0],test_set[0][1], "yo", markersize='9')

for k in range(7,0,-2):
    cls,neighbors = knn(data, test, k)
    print("============")
    print("k = ", k)
    print("Class", cls)
    print("Neighbors")
    print(data.iloc[neighbors])

    furthest_point = data.iloc[neighbors].tail(1)
```

```
#---draw a circle connecting the test point
# and the furthest point---
radius = euclidean_distance(test, furthest_point.iloc[0], 2)

#---display the circle in red if classification is A,
# else display circle in blue---
c = 'r' if cls=='A' else 'b'
circle = plt.Circle((test_set[0][0], test_set[0][1]),
                    radius, color=c, alpha=0.3)
ax.add_patch(circle)

plt.gca().set_aspect('equal', adjustable='box')
plt.show()
```

上述代码段的输出如下:

```
============
k = 7
Class B
Neighbors
  x y c
3 3 3 A
4 3 5 B
2 4 3 B
6 5 4 B
1 2 2 A
5 5 6 B
0 1 1 A
============
k = 5
Class B
Neighbors
  x y c
3 3 3 A
4 3 5 B
2 4 3 B
6 5 4 B
1 2 2 A
============
k = 3
Class B
Neighbors
  x y c
3 3 3 A
4 3 5 B
```

```
2 4 3 B
============
k = 1
Class A
Neighbors
  x y c
3 3 3 A
```

图 9.3 为以测试点为中心，k 值变化的一系列圆圈，最内层的圆圈为 k = 1，下一个外圈为 k = 3，以此类推。

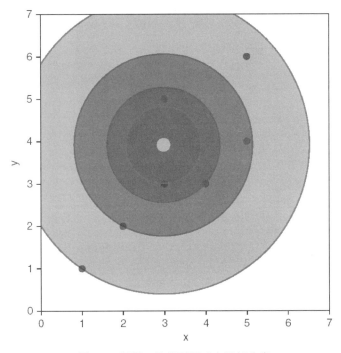

图 9.3　根据 k 值的不同对点进行分类

9.1.2　为 kNN 使用 Scikit-learn 的 KNeighborsClassifier 类

了解了 kNN 的工作原理以及如何在 Python 中实现它后，下面就使用 Scikit-learn 提供的实现方式。

下面的代码片段加载 Iris 数据集，并使用散点图将其绘制出来：

```
%matplotlib inline
import pandas as pd
import numpy as np
import matplotlib.patches as mpatches
```

```
from sklearn import svm, datasets
import matplotlib.pyplot as plt

iris = datasets.load_iris()

X = iris.data[:, :2] # take the first two features
y = iris.target

#---plot the points---
colors = ['red', 'green', 'blue']
for color, i, target in zip(colors, [0, 1, 2], iris.target_names):
    plt.scatter(X[y==i, 0], X[y==i, 1], color=color, label=target)

plt.xlabel('Sepal length')
plt.ylabel('Sepal width')
plt.legend(loc='best', shadow=False, scatterpoints=1)

plt.title('Scatter plot of Sepal width against Sepal length')
plt.show()
```

图 9.4 为萼片宽度与萼片长度的散点图。

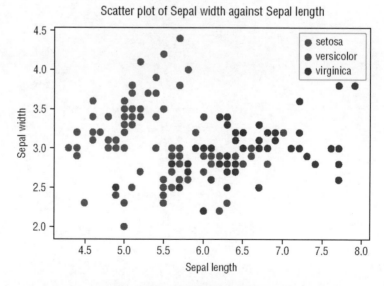

图 9.4　在散点图中绘制萼片宽度与萼片长度的关系

1. 探索 k 的不同值

现在，可使用 Scikit-learn 的 KNeighborsClassifier 类来帮助使用 kNN 在 Iris 数据集上训练模型。首先使用 k =1：

```
from sklearn.neighbors import KNeighborsClassifier

k = 1
#---instantiate learning model---
knn = KNeighborsClassifier(n_neighbors=k)

#---fitting the model---
knn.fit(X, y)

#---min and max for the first feature---
x_min, x_max = X[:, 0].min() - 1, X[:, 0].max() + 1

#---min and max for the second feature---
y_min, y_max = X[:, 1].min() - 1, X[:, 1].max() + 1

#---step size in the mesh---
h = (x_max / x_min)/100

#---make predictions for each of the points in xx,yy---
xx, yy = np.meshgrid(np.arange(x_min, x_max, h),
                     np.arange(y_min, y_max, h))

Z = knn.predict(np.c_[xx.ravel(), yy.ravel()])

#---draw the result using a color plot---
Z = Z.reshape(xx.shape)
plt.contourf(xx, yy, Z, cmap=plt.cm.Accent, alpha=0.8)

#---plot the training points---
colors = ['red', 'green', 'blue']
for color, i, target in zip(colors, [0, 1, 2], iris.target_names):
    plt.scatter(X[y==i, 0], X[y==i, 1], color=color, label=target)

plt.xlabel('Sepal length')
plt.ylabel('Sepal width')
plt.title(f'KNN (k={k})')
plt.legend(loc='best', shadow=False, scatterpoints=1)

predictions = knn.predict(X)
```

```
#--classifications based on predictions---
print(np.unique(predictions, return_counts=True))
```

上面的代码片段创建了一个 meshgrid(一个值的矩形网格)，它由散布在 x 轴和 y 轴上的点组成。然后，每个点都用于预测，并使用彩色图绘制结果。

图 9.5 显示了使用 k=1 表示的分类边界。注意，对于 k=1，仅基于单个样本(最近的邻居)执行预测。这使得预测结果对各种扭曲非常敏感，如异常值、错误标记等。一般来说，k=1 通常会导致过度拟合，因此预测结果通常不是很准确。

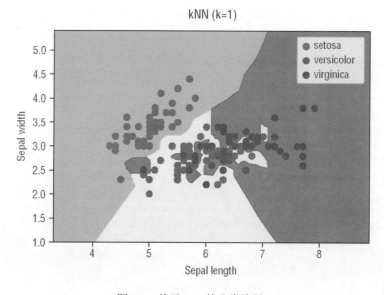

图 9.5　基于 k=1 的分类边界

提示：

在机器学习中，过度拟合是指所训练的模型与训练数据拟合得过于一致。当训练数据中的所有噪音和波动都在训练过程中被捕捉到时，就会发生这种情况。简单地说，这意味着模型非常努力地使所有数据完美匹配。过度拟合模型的关键问题在于，它无法很好地处理新的、不可预见的数据。

另一方面，当机器学习模型不能准确捕捉数据的潜在趋势时，就会发生欠拟合。具体来说，模型对数据的拟合不够好。

图 9.6 显示了理解过拟合、欠拟合和一般良好拟合的简单方法。

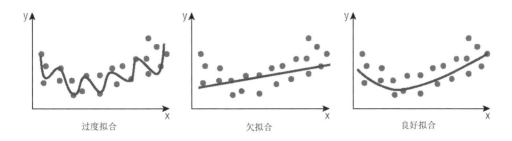

图 9.6　理解过拟合、欠拟合和良好拟合的概念

对于 kNN，将 k 设置为一个较高的值，往往会使预测对数据中的噪声更抗干扰。

使用相同的代码片段，但更改 k 的值。图 9.7 显示了基于四个不同 k 值的分类。

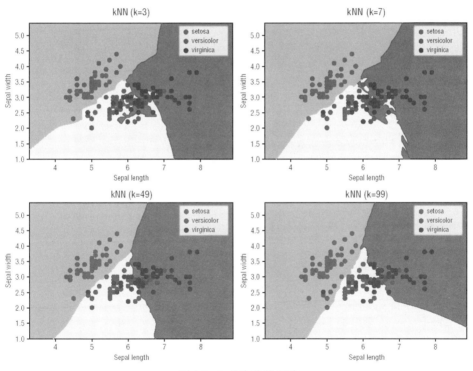

图 9.7　k 值变化的影响

注意，随着 k 的增加，边界变得更平滑。但这也意味着更多的点被错误分类。当 k 增大到很大的值时，就会出现欠拟合。

kNN 的关键问题是，如何找到 k 的理想值？

2. 交叉验证

前几章提到，将数据集分为两个单独的集，一个用于训练，另一个用于测试。然而，数据集中的数据可能不是均匀分布的，因此测试集可能过于简单或难以预测，以至于很难确定模型是否工作良好。

可将数据分割成 k-fold 并对模型进行 k 次训练，旋转训练和测试集，而不是使用部分数据进行训练和测试。这样，每个数据点现在都用于训练和测试。

提示：

不要把 k-fold 中的 k 和 kNN 中的 k 混淆，它们没有关系。

图 9.8 显示了一个被分割为 5 个折叠块的数据集。对于第一次运行，块 1、2、3 和 4 用于训练模型。块 0 用于测试模型。在下一个运行中，块 0、2、3 和 4 用于训练，块 1 用于测试，以此类推。

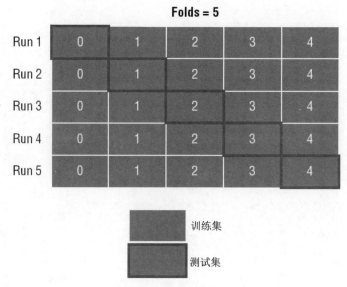

图 9.8　交叉验证如何工作

在每次运行结束时，模型都会被打分。在 k 次运行结束时，对这些得分计算平均值。这个平均分可以很好地显示算法的性能。

提示：

交叉验证的目的不是为了训练模型，而是为了检查模型。当需要比较不同的机器学习算法，以查看它们在给定数据集上的执行情况时，交叉验证非常有用。一旦选择了算法，就使用所有数据来训练模型。

3. 参数 k 的调整

理解了交叉验证，下面就在 Iris 数据集上使用它。我们将使用所有四个特性来训练模型，同时使用 10 个块对数据集应用交叉验证。对于 k 的每一个值，都执行如下代码：

```
from sklearn.model_selection import cross_val_score

#---holds the cv (cross-validates) scores---
cv_scores = []

#---use all features---
X = iris.data[:, :4]
y = iris.target

#---number of folds---
folds = 10

#---creating odd list of K for KNN---
ks = list(range(1,int(len(X) * ((folds - 1)/folds))))

#---remove all multiples of 3---
ks = [k for k in ks if k % 3 != 0]

#---perform k-fold cross validation---
for k in ks:
    knn = KNeighborsClassifier(n_neighbors=k)

    #---performs cross-validation and returns the average accuracy---
    scores = cross_val_score(knn, X, y, cv=folds, scoring='accuracy')
    mean = scores.mean()
    cv_scores.append(mean)
    print(k, mean)
```

Scikit-learn 库提供了 cross_val_score()函数自动执行交叉验证，并返回想要的指标(例如，准确性)。

在使用交叉验证时，请注意，在任何时候，((fold - 1)/fold) * total_rows 都可用来进行训练。这是因为(1/fold) * total_rows 将用于测试。

对于 kNN，必须遵守三条规则：

- k 的值不能超过用于训练的行数。
- 对于两个类的问题，k 的值应该是奇数(这样就可以避免类之间存在平局的情况)。
- k 的值不能是类数的倍数(为了避免出现类似于上一点的平局)。

因此，上述代码段中的 ks 列表包含以下值：

```
[1, 2, 4, 5, 7, 8, 10, 11, 13, 14, 16, 17, 19, 20, 22, 23, 25, 26, 28,
29, 31, 32, 34, 35, 37, 38, 40, 41, 43, 44, 46, 47, 49, 50, 52, 53, 55,
56, 58, 59, 61, 62, 64, 65, 67, 68, 70, 71, 73, 74, 76, 77, 79, 80, 82,
83, 85, 86, 88, 89, 91, 92, 94, 95, 97, 98, 100, 101, 103, 104, 106,
107, 109, 110, 112, 113, 115, 116, 118, 119, 121, 122, 124, 125, 127,
128, 130, 131, 133, 134]
```

训练结束后，cv_scores 将根据 k 值的不同，包含一个准确率列表：

```
1 0.96
2 0.9533333333333334
4 0.9666666666666666
5 0.9666666666666668
7 0.9666666666666668
8 0.9666666666666668
10 0.9666666666666668
11 0.9666666666666668
13 0.9800000000000001
14 0.9733333333333334
...
128 0.6199999999999999
130 0.6066666666666667
131 0.5933333333333332
133 0.5666666666666667
134 0.5533333333333333
```

4. 求最优 k

要找到最优的 k，只需要找到 k 的值，使其具有最高的准确性。或者，在本例中，希望找到最小的误分类错误(MSE)。下面的代码片段将为每个 k 找到 MSE，然后找到 MSE 最低的 k。之后绘制 MSE 与 k 的折线图(见图 9.9)：

```
#---calculate misclassification error for each k---
MSE = [1 - x for x in cv_scores]

#---determining best k (min. MSE)---
optimal_k = ks[MSE.index(min(MSE))]
print(f"The optimal number of neighbors is {optimal_k}")

#---plot misclassification error vs k---
plt.plot(ks, MSE)
plt.xlabel('Number of Neighbors k')
plt.ylabel('Misclassification Error')
plt.show()
```

上面的代码片段输出以下内容:

```
The optimal number of neighbors is 13
```

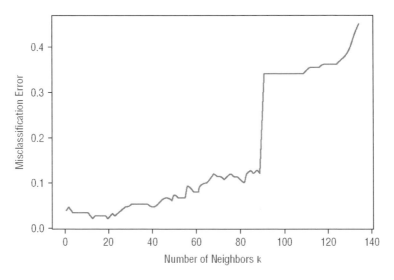

图 9.9　每个 k 的误算图表

图 9.10 显示了 k = 13 时的分类。

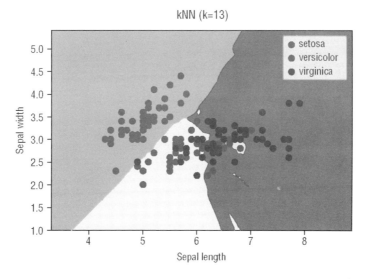

图 9.10　k=13 是最优值

9.2　本章小结

在本书讨论的四种算法中，kNN 是最直接的算法之一。本章学习了 kNN 的工作原理，以及如何推导出最小化错误计算的最优 k。

下一章将学习一种新的算法——无监督学习。探讨如何通过使用 k-means 执行集群来发现数据中的结构。

## 第10章

无监督学习——使用 k-means 聚类

10.1　什么是无监督学习?

到目前为止,前面介绍的所有机器学习算法都是有监督学习。也就是说,所有数据集都已标记或分类。已标记的数据集称为标记数据,而未标记的数据集称为未标记数据。图 10.1 显示了标记数据的示例。

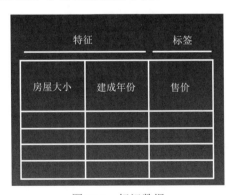

图 10.1　标记数据

根据房子的大小和建造年份,可确定房子的售价。房子的售价是标签,可以训练机器学习模型,根据房子的大小和建造年份给出房子的估价。

　　另一方面，未标记的数据是没有标记的数据。例如，图 10.2 显示了一个包含一组人的腰围和相应腿长的数据集。给定这组数据，可尝试根据腰围和腿长将它们分组，然后从中可以计算出每组的平均尺寸。这将有助于服装制造商为客户量身定做不同尺寸的服装。

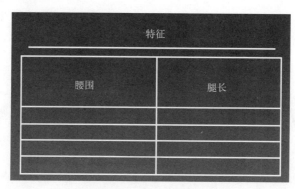

图 10.2　未标记的数据

10.1.1　使用 k-means 的无监督学习

　　由于未标记数据中没有标签，因此我们对能够在未标记数据中找到模式很感兴趣。这种在未标记数据中发现模式的技术称为聚类。聚类的主要目的是将具有相似特征的组划分为若干类群。

　　聚类常用的算法之一是 k-means 算法。k-means 聚类是一种无监督学习：

- 当有未标记的数据时使用。
- 目标是在数据中找到组，组的个数用 k 表示。

k-means 聚类的目标是：

- 代表聚类中心的 k 个中心点。
- 训练数据的标记。

下一节了解如何使用 k-means 进行聚类。

10.1.2　k-means 中的聚类是如何工作的

　　下面看一个简单例子，以便了解使用 k-means 的聚类是如何工作的。假设有一系列未标记的点，如图 10.3 所示。

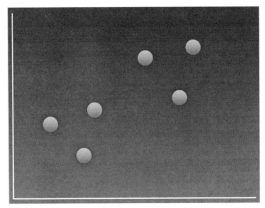

图 10.3　一组未标记的数据点

我们要将所有这些点聚集到不同的组中，以发现其中的模式。假设想将它们分成两组(即 k=2)。最终结果如图 10.4 所示。

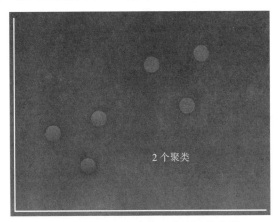

2 个聚类

图 10.4　将这些点聚成两个不同的聚类

首先，把 k 个中心点随机地放在图上。在图 10.5 中，由于 k = 2，因此在图上随机放置两个中心点：c_0 和 c_1。对于图上的每个点，测量它自己和每个中心点之间的距离。如图所示，a 与 c_0 之间的距离(用 d_0 表示)小于 a 与 c_1 之间的距离(用 d_1 表示)。因此，a 现在被分类为聚类 0。同样，对于点 b，它与 c_1 之间的距离小于它和 c_0 之间的距离。因此，点 b 被划分为聚类 1。对图中的所有点重复这个过程。

在第一轮之后，这些点将聚集在一起，如图 10.6 所示。

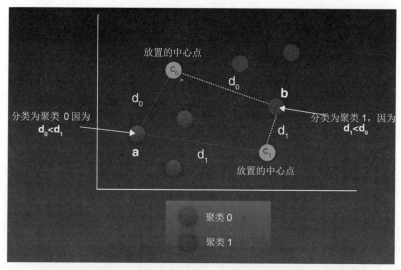

图 10.5　测量每个点相对于每个中心点的距离，并找出最短距离

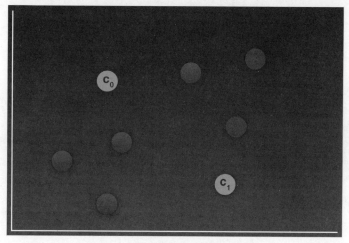

图 10.6　第一轮聚类后的点的分组

　　现在取每个聚类中所有点的平均值，并使用新计算的平均值重新定位中心点。图 10.7 显示了两个中心点的新位置。

　　现在测量每个旧中心点和新中心点之间的距离(见图 10.8)。如果距离为 0，则表示中心点的位置不变，从而找到中心点。重复整个过程，直到所有中心点不再改变位置。

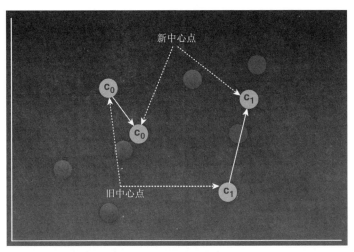

图 10.7　通过取每个集群中所有点的平均值来重新定位中心点

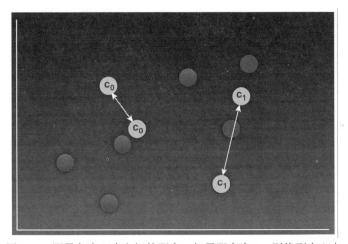

图 10.8　测量各中心点之间的距离；如果距离为 0，则找到中心点

10.1.3　在 Python 中实现 k-means

清楚了 k-means 的工作原理，使用 Python 实现它就是很有用的。首先使用 Python 实现 k-means，然后在下一节中查看如何使用 Scikit-learn 的 k-means 实现。

假设有一个名为 kmeans.csv 的文件，包含以下内容：

```
x,y
1,1
2,2
2,3
1,4
```

```
3,3
6,7
7,8
6,8
7,6
6,9
2,5
7,8
8,9
6,7
7,8
3,1
8,4
8,6
8,9
```

首先导入所有必要的库：

```
%matplotlib inline
import numpy as np
import pandas as pd
import matplotlib.pyplot as plt
```

然后将 CSV 文件加载到 Pandas DataFrame 中，绘制散点图，显示点：

```
df = pd.read_csv("kmeans.csv")
plt.scatter(df['x'],df['y'], c='r', s=18)
```

图 10.9 显示了这些点的散点图。

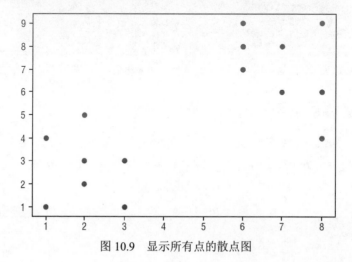

图 10.9 显示所有点的散点图

现在可生成一些随机的中心点。还需要确定 k 的值，假设 k 现在是 3。本章后面将学习如何确定最优 k。下面的代码片段生成三个随机中心点，并将它们标记在散点图上：

```
#---let k assume a value---
k = 3

#---create a matrix containing all points---
X = np.array(list(zip(df['x'],df['y'])))

#---generate k random points (centroids)---
Cx = np.random.randint(np.min(X[:,0]), np.max(X[:,0]), size = k)
Cy = np.random.randint(np.min(X[:,1]), np.max(X[:,1]), size = k)

#---represent the k centroids as a matrix---
C = np.array(list(zip(Cx, Cy)), dtype=np.float64)
print(C)

#---plot the orginal points as well as the k centroids---
plt.scatter(df['x'], df['y'], c='r', s=8)
plt.scatter(Cx, Cy, marker='*', c='g', s=160)
plt.xlabel("x")
plt.ylabel("y")
```

图 10.10 显示了散点图上的点以及中心点。

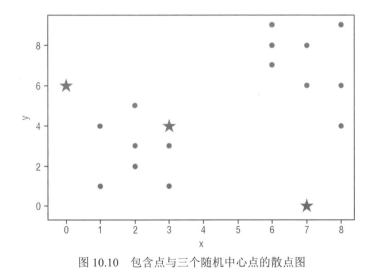

图 10.10　包含点与三个随机中心点的散点图

现在是这个程序的重要部分。下面的代码片段实现了 10.1.2 节中讨论的 k-means 算法。

```python
from copy import deepcopy

#---to calculate the distance between two points---
def euclidean_distance(a, b, ax=1):
    return np.linalg.norm(a - b, axis=ax)

#---create a matrix of 0 with same dimension as C (centroids)---
C_prev = np.zeros(C.shape)

#---to store the cluster each point belongs to---
clusters = np.zeros(len(X))

#---C is the random centroids and C_prev is all 0s---
#---measure the distance between the centroids and C_prev---
distance_differences = euclidean_distance(C, C_prev)

#---loop as long as there is still a difference in
# distance between the previous and current centroids---
while distance_differences.any() != 0:
    #---assign each value to its closest cluster---
    for i in range(len(X)):
        distances = euclidean_distance(X[i], C)

        #---returns the indices of the minimum values along an axis---
        cluster = np.argmin(distances)
        clusters[i] = cluster

    #---store the prev centroids---
    C_prev = deepcopy(C)

    #---find the new centroids by taking the average value---
    for i in range(k): #---k is the number of clusters---
        #---take all the points in cluster i---
        points = [X[j] for j in range(len(X)) if clusters[j] == i]
        if len(points) != 0:
            C[i] = np.mean(points, axis=0)

    #---find the distances between the old centroids and the new
centroids---
    distance_differences = euclidean_distance(C, C_prev)

#---plot the scatter plot---
colors = ['b','r','y','g','c','m']
    for i in range(k):
    points = np.array([X[j] for j in range(len(X)) if clusters[j] ==
i])
```

```
    if len(points) > 0:
    plt.scatter(points[:, 0], points[:, 1], s=10, c=colors[i])
else:
    # this means that one of the clusters has no points
    print("Plesae regenerate your centroids again.")

plt.scatter(points[:, 0], points[:, 1], s=10, c=colors[i])
plt.scatter(C[:, 0], C[:, 1], marker='*', s=100, c='black')
```

使用前面的代码片段，现在计算中心点，并显示在散点图上，如图 10.11
所示。

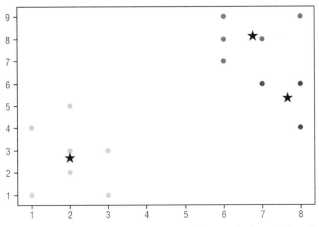

图 10.11　散点图，显示了这些点的聚类以及新发现的中心点

提示：
由于点的位置不同，读者得到的中心点可能与图 10.11 所示的不完全相同。
此外，在聚类后，可能没有属于特定中心点的点。这种情况下，必须重新生
成中心点，再次执行聚类。

现在还可以打印出每个点所属的聚类：

```
for i, cluster in enumerate(clusters):
    print("Point " + str(X[i]),
          "Cluster " + str(int(cluster)))
```

输出如下：

```
Point [1 1] Cluster 2
Point [2 2] Cluster 2
Point [2 3] Cluster 2
Point [1 4] Cluster 2
Point [3 3] Cluster 2
```

```
Point [6 7] Cluster 1
Point [7 8] Cluster 1
Point [6 8] Cluster 1
Point [7 6] Cluster 0
Point [6 9] Cluster 1
Point [2 5] Cluster 2
Point [7 8] Cluster 1
Point [8 9] Cluster 1
Point [6 7] Cluster 1
Point [7 8] Cluster 1
Point [3 1] Cluster 2
Point [8 4] Cluster 0
Point [8 6] Cluster 0
Point [8 9] Cluster 1
```

提示：
读者看到的聚类号可能与前面代码中显示的不一样。

更重要的是，想知道每个中心点的位置。为此可输出 C 的值：

```
print(C)
'''
[[ 7.66666667 5.33333333]
 [ 6.77777778 8.11111111]
 [ 2.  2.71428571]]
'''
```

10.1.4   在 Scikit-learn 中使用 k-means

可使用 Scikit-learn 中的 KMeans 类来进行聚类，而不是实现自己的 k-means 算法。使用与上一节相同的数据集，下面的代码片段创建一个聚类大小为 3 的 KMeans 类实例：

```
#---using sci-kit-learn---
from sklearn.cluster import KMeans
k=3
kmeans = KMeans(n_clusters=k)
```

现在可使用 fit()函数训练模型：

```
kmeans = kmeans.fit(X)
```

若要为所有点指定一个标记，请使用 predict()函数：

```
labels = kmeans.predict(X)
```

要获得中心点，使用 cluster_centers 属性：

```
centroids = kmeans.cluster_centers
```

输出聚类标记和中心点，看看得到了什么：

```
print(labels)
print(centroids)
```

结果如下：

```
[1 1 1 1 1 0 0 0 2 0 1 0 0 0 0 1 2 2 0]
[[ 6.77777778 8.11111111]
 [ 2. 2.71428571]
 [ 7.66666667 5.33333333]]
```

提示：
由于这些点的位置不同，读者得到的中心点可能与文中所示的不同。

现在，在散点图上绘制点和中心点：

```
#---map the labels to colors---
c = ['b','r','y','g','c','m']
colors = [c[i] for i in labels]

plt.scatter(df['x'],df['y'], c=colors, s=18)
plt.scatter(centroids[:, 0], centroids[:, 1], marker='*', s=100,
c='black')
```

图 10.12 显示了结果。

使用刚才训练的模型，可通过 predict() 函数预测点属于哪个聚类：

```
#---making predictions---
cluster = kmeans.predict([[3,4]])[0]
print(c[cluster]) # r

cluster = kmeans.predict([[7,5]])[0]
print(c[cluster]) # y
```

前面的语句使用点的颜色打印点所在的集群：r 表示红色，y 表示黄色。

提示：
预测点的颜色可能会不同，这没什么问题。

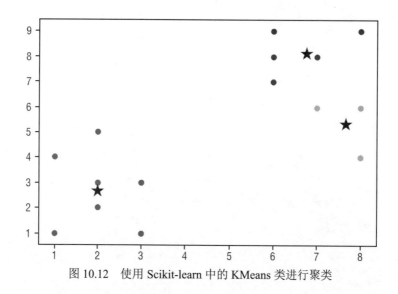

图 10.12   使用 Scikit-learn 中的 KMeans 类进行聚类

10.1.5   利用 Silhouette 系数评价聚类的大小

到目前为止，k 设为一个固定值 3。如何确保所设置的 k 值是聚类数量的最优值？对于小数据集，通过目测可以很容易地推导出 k 的值。然而，对于大型数据集，这将是一个更具挑战性的任务。此外，无论数据集大小如何，都需要一种科学的方法来证明所选的 k 值是最优的。为此，可使用 Silhouette 系数。

Silhouette 系数是已得到的聚类质量的度量。它度量聚类的凝聚力，即聚类之间的空间。Silhouette 系数的取值范围在-1 和 1 之间。

Silhouette 系数的公式为：

```
1-(a / b)
```

其中：

- a 是一个点到同一聚类中所有其他点的平均距离。如果 a 比较小，则聚类的凝聚力比较大，因为所有的点都很接近。
- b 是一个点到最近聚类中所有其他点的最低平均距离。如果 b 很大，则聚类的离散性很好，因为最近的聚类相距很远。

如果 a 较小而 b 较大，则 Silhouette 系数较高。生成最大 Silhouette 系数的 k 值称为最优 k。

1. 计算 Silhouette 系数

下面的例子是计算一个点的 Silhouette 系数。考虑这七个点和它们所属的聚类 (k=3)，如图 10.13 所示。

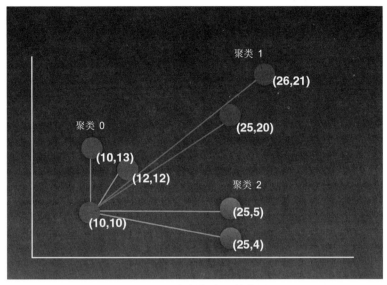

图 10.13　点的集合及其位置

计算一个特定点的 Silhouette 系数，然后进行数学推导。考虑聚类 0 中的点 (10,10)：

- 计算其与同一聚类内所有其他点的平均距离：
  - (10,10) – (12,12) = $\sqrt{8}$ ≈ 2.828
  - (10,10) – (10,13) = $\sqrt{9}$ = 3
  - 平均：(2.828 + 3.0) / 2 = 2.914

计算其到聚类 1 中所有其他点的平均距离：
  - (10,10) – (25,20) = $\sqrt{325}$ ≈ 18.028
  - (10,10) – (26,21) = $\sqrt{377}$ = 19.416
- 平均：(18.028 + 19.416) / 2 = 18.722
- 计算其到聚类 2 中所有其他点的平均距离：
  - (10,10) – (25,5) = $\sqrt{250}$ = 15.811
  - (10,10) – (25,4) = $\sqrt{261}$ ≈ 16.155
  - 平均：(15.811 + 16.156) / 2 ≈ 15.983
- 从(10,10)到聚类 1 和聚类 2 中所有点的最小平均距离为 min(18.722,15.983) = 15.983

因此，点(10,10)的 Silhouette 系数为 1 - (a/b) = 1 -(2.914/15.983) = 0.817682，这只是针对数据集中的一个点。需要计算数据集中其他六个点的 Silhouette 系数。幸运的是，Scikit-learn 包含自动执行此过程的 metrics 模块。

使用本章前面使用的 kmean.csv 示例，下面的代码片段计算了数据集中所有 19 个点的 Silhouette 系数，并打印出 Silhouette 系数的平均值：

```
from sklearn import metrics

silhouette_samples = metrics.silhouette_samples(X, kmeans.labels_)
print(silhouette_samples)

print("Average of Silhouette Coefficients for k =", k)
print("==========================================")
print("Silhouette mean:", silhouette_samples.mean())
```

结果如下：

```
[ 0.67534567 0.73722797 0.73455072 0.66254937 0.6323039 0.33332111
  0.63792468 0.58821402 0.29141777 0.59137721 0.50802377 0.63792468
  0.52511161 0.33332111 0.63792468 0.60168807 0.51664787 0.42831295
  0.52511161]

Average of Silhouette Coefficients for k = 3
==========================================
Silhouette mean: 0.55780519852
```

在前面的语句中，使用了 metrics.silhouette_samples()函数获取 19 个点的 Silhouette 系数数组。然后调用数组上的 mean()函数来获得平均 Silhouette 系数。如果只关心平均 Silhouette 系数，而不关心单个点的 Silhouette 系数，则可以简单地调用 metrics.silhouette_score()函数，如下所示：

```
print("Silhouette mean:", metrics.silhouette_score(X,
kmeans.labels_))
    # Silhouette mean: 0.55780519852
```

2. 求最优 k

了解了如何计算具有 k 个聚类的数据集的平均 Silhouette 系数，接下来要找到平均 Silhouette 系数最高的最优 k。可以从聚类大小为 2 开始，直到聚类大小比数据集的大小小 1。如下面的代码片段所示：

```
silhouette_avgs = []
min_k = 2

#---try k from 2 to maximum number of labels---
for k in range(min_k, len(X)):
    kmean = KMeans(n_clusters=k).fit(X)
```

```
    score = metrics.silhouette_score(X, kmean.labels_)
    print("Silhouette Coefficients for k =", k, "is", score)
    silhouette_avgs.append(score)

f, ax = plt.subplots(figsize=(7, 5))
ax.plot(range(min_k, len(X)), silhouette_avgs)

plt.xlabel("Number of clusters")
plt.ylabel("Silhouette Coefficients")

#---the optimal k is the one with the highest average silhouette---
Optimal_K = silhouette_avgs.index(max(silhouette_avgs)) + min_k
print("Optimal K is ", Optimal_K)
```

代码片段的输出如下：

```
Silhouette Coefficients for k = 2 is 0.689711206994
Silhouette Coefficients for k = 3 is 0.55780519852
Silhouette Coefficients for k = 4 is 0.443038181464
Silhouette Coefficients for k = 5 is 0.442424857695
Silhouette Coefficients for k = 6 is 0.408647742839
Silhouette Coefficients for k = 7 is 0.393618055172
Silhouette Coefficients for k = 8 is 0.459039364508
Silhouette Coefficients for k = 9 is 0.447750636074
Silhouette Coefficients for k = 10 is 0.512411340842
Silhouette Coefficients for k = 11 is 0.469556467119
Silhouette Coefficients for k = 12 is 0.440983139813
Silhouette Coefficients for k = 13 is 0.425567707244
Silhouette Coefficients for k = 14 is 0.383836485201
Silhouette Coefficients for k = 15 is 0.368421052632
Silhouette Coefficients for k = 16 is 0.368421052632
Silhouette Coefficients for k = 17 is 0.368421052632
Silhouette Coefficients for k = 18 is 0.368421052632
Optimal K is 2
```

从输出中可以看出，最优 k 是 2。图 10.14 显示了根据聚类数量(k)绘制的 Silhouette 系数图。

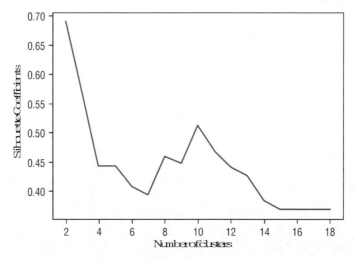

图 10.14　这个图显示了 k 的不同值及其对应的 Silhouette 系数

10.2　使用 k-means 解决现实问题

假设一名服装设计师的任务是设计一系列新的百慕大短裤。其中一个设计问题是，需要想出一系列尺寸，使之能适合大多数人。本质上，需要有一系列大小不同的尺寸：

- 腰围
- 臂长

那么，如何找到合适的尺寸组合呢？此时可使用 k-means 算法。首先需要获取包含一组人(特定年龄范围)的测量值的数据集。使用这个数据集，可以应用 k-means 算法，根据对这些人身体部位的特定测量将他们分组到聚类中。一旦找到聚类，现在就可以非常清楚地了解需要为其设计的尺寸。

对于数据集，可使用 https://data.world/rhoyt/body-measurements 中的身体测量数据集。这个数据集有 27 列、9338 行。在 27 列中，需要两列。

bmxwaist：腰围(cm)

bmxleg：臂长(cm)

对于本例，假设数据集已经用文件名 BMX_G.csv 保存在本地。

10.2.1　导入数据

首先，将数据导入 Pandas DataFrame 中。

```
%matplotlib inline
import numpy as np
import pandas as pd

df = pd.read_csv("BMX_G.csv")
```

检查它的内容，应该会看到 9338 行和 27 列：

```
print(df.shape)
# (9338, 27)
```

10.2.2　清理数据

数据集包含许多缺失的值，因此清理数据非常重要。要查看每个列包含多少空字段，请使用以下语句：

```
df.isnull().sum()
```

输出如下：

```
Unnamed: 0 0
seqn 0
bmdstats 0
bmxwt 95
bmiwt 8959
bmxrecum 8259
bmirecum 9307
bmxhead 9102
bmihead 9338
bmxht 723
bmiht 9070
bmxbmi 736
bmdbmic 5983
bmxleg 2383
bmileg 8984
bmxarml 512
bmiarml 8969
bmxarmc 512
bmiarmc 8965
bmxwaist 1134
bmiwaist 8882
bmxsad1 2543
bmxsad2 2543
bmxsad3 8940
bmxsad4 8940
bmdavsad 2543
```

```
bmdsadcm 8853
dtype: int64
```

注意，bmxleg 列有 2383 个缺失值，bmxwaist 列有 1134 个缺失值，因此需要删除它们，如下所示：

```
df = df.dropna(subset=['bmxleg','bmxwaist']) # remove rows with NaNs
print(df.shape)
# (6899, 27)
```

在删除了缺少值的 bmxleg 和 bmxwaist 列后，现在还剩下 6899 行。

10.2.3　绘制散点图

数据整理好后，绘制散点图，显示臂长和腰围的分布情况：

```
import matplotlib.pyplot as plt

plt.scatter(df['bmxleg'],df['bmxwaist'], c='r', s=2)
plt.xlabel("Upper leg length (cm)")
plt.ylabel("Waist Circumference (cm)")
```

图 10.15 显示了散点图。

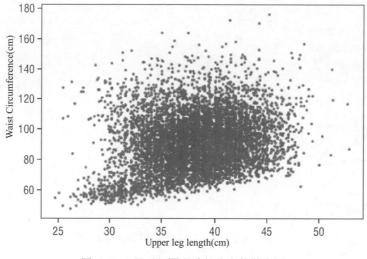

图 10.15　显示腰围和臂长分布的散点图

10.2.4　使用 k-means 聚类

假设想创建两种尺寸的百慕大短裤。这种情况下，希望将这些点聚成两个聚类；也就是 k=2。同样，可使用 Scikit-learn 的 KMeans 类来达到这个目的：

```
#---using sci-kit-learn---
from sklearn.cluster import KMeans

k = 2
X = np.array(list(zip(df['bmxleg'],df['bmxwaist'])))

kmeans = KMeans(n_clusters=k)
kmeans = kmeans.fit(X)
labels = kmeans.predict(X)
centroids = kmeans.cluster_centers_

#---map the labels to colors---
c = ['b','r','y','g','c','m']
colors = [c[i] for i in labels]

plt.scatter(df['bmxleg'],df['bmxwaist'], c=colors, s=2)
plt.scatter(centroids[:, 0], centroids[:, 1], marker='*', s=100,
c='black')
```

图 10.16 显示了分成两个聚类的点(分别用红色和蓝色表示，黑白图显示为深灰色和浅灰色)，以及两个中心体。

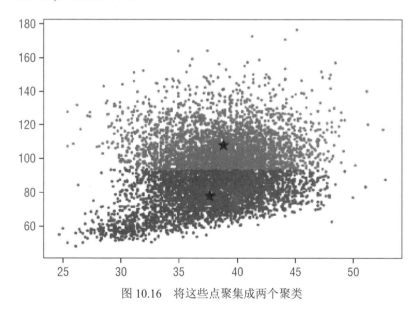

图 10.16　将这些点聚集成两个聚类

对于服装设计师来说，最重要的信息是两个中心点的值：

```
print(centroids)
```

输出如下：

```
[[  37.6566304377.84326087]
 [  38.81870146  107.9195713 ]]
```

这意味着现在可以设计以下尺寸的百慕大短裤：

- 腰围 77.8 厘米，臂长 37.7 厘米
- 腰围 107.9 厘米，臂长 38.8 厘米

10.2.5　寻找最优尺寸类

在决定实际要做的不同尺寸之前，想看看 k=2 是不是最优的，因此尝试了 k 从 2 到 10 的不同值，并寻找最优 k：

```
from sklearn import metrics

silhouette_avgs = []
min_k = 2

#---try k from 2 to maximum number of labels---
for k in range(min_k, 10):
    kmean = KMeans(n_clusters=k).fit(X)
    score = metrics.silhouette_score(X, kmean.labels_)
    print("Silhouette Coefficients for k =", k, "is", score)
    silhouette_avgs.append(score)

#---the optimal k is the one with the highest average silhouette---
Optimal_K = silhouette_avgs.index(max(silhouette_avgs)) + min_k
print("Optimal K is", Optimal_K)
```

结果如下：

```
Silhouette Coefficients for k = 2 is 0.516551581494
Silhouette Coefficients for k = 3 is 0.472269050688
Silhouette Coefficients for k = 4 is 0.436102446644
Silhouette Coefficients for k = 5 is 0.418064636123
Silhouette Coefficients for k = 6 is 0.392927895139
Silhouette Coefficients for k = 7 is 0.378340717032
Silhouette Coefficients for k = 8 is 0.360716292593
Silhouette Coefficients for k = 9 is 0.341592231958
Optimal K is 2
```

结果表明，最优 k 为 2。也就是说，设计的百慕大短裤应该有两种不同的尺码。然而，公司希望设计更多的尺寸，以便吸引更广泛的客户。特别是，该公司

认为有四个尺码寸会更好。为此，只需要运行 10.2.4 节中的 KMeans 代码片段，并设置 k =4。

现在聚类应该如图 10.17 所示。

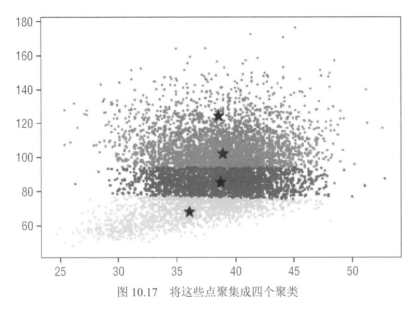

图 10.17 将这些点聚集成四个聚类

中心点的位置如下：

```
[[ 38.73004292 85.05450644]
 [ 38.8849217 102.17011186]
 [ 36.04064872 67.30131125]
 [ 38.60124294 124.07853107]]
```

这意味着现在可以设计以下尺寸的百慕大短裤：

- 腰围 67.3 厘米，臂长 36.0 厘米
- 腰围 85.1 厘米，臂长 38.7 厘米
- 腰围 102.2 厘米，臂长 38.9 厘米
- 腰围 124.1 厘米，臂长 38.6 厘米

10.3 本章小结

本章讨论了无监督学习。无监督学习是一种机器学习技术，它允许在数据中找到模式。在无监督学习中，算法使用的数据(如本章讨论的 k-means)没有标记，我们需要发现它的隐藏结构，并为其分配标记。

## 第11章

使用 Azure Machine Learning Studio

11.1 什么是 Microsoft Azure Machine Learning Studio?

Microsoft Azure Machine Learning Studio(以下简称 MAML)是一款用于构建机器学习模型的在线协作拖放工具。与用 Python 或 R 之类的语言实现机器学习算法不同,MAML 将最常用的机器学习算法封装为模块,并允许使用数据集可视化地构建学习模型。这样,数据科学的初学者可以不考虑算法的细节,同时为高级用户提供了微调算法超参数的能力。一旦对学习模型进行了测试和评估,就可以将学习模型发布为 Web 服务,以使自定义应用程序或 BI 工具(如 Excel)能够使用它。此外,MAML 支持将 Python 或 R 脚本嵌入学习模型中,让高级用户有机会编写定制的机器学习算法。

本章不像前几章那样编写代码,不使用 Python 和 Scikit-learn 来实现机器学习,而是了解如何通过 MAML,使用拖放操作直观地执行机器学习。

11.1.1 以泰坦尼克号实验为例

前面很好地理解了机器学习是什么,以及它可以做什么,下面就开始使用 MAML 进行一个实验。这个实验使用一个经典的机器学习示例:预测泰坦尼克号上乘客的存活率。

1912 年 4 月 15 日,泰坦尼克号在处女航中撞上冰山沉没,2224 名乘客和 1502

名船员遇难。虽然死亡的主要原因是救生艇不足，但在幸存者中，大多数是妇女、儿童和上层阶级。因此，这是一个非常有趣的机器学习实验。如果给出一组数据点，包含乘客的各种资料(如性别、二等舱、年龄等)以及他们是否逃过了这一劫，则基于乘客的资料，使用机器学习来预测他/她的生存能力一定很有趣。

可以从 Kaggle (https://www.kaggle.com/c/titanic/data)获得泰坦尼克号的数据。其中提供了两组数据(见图 11.1)：

- 训练集
- 测试集

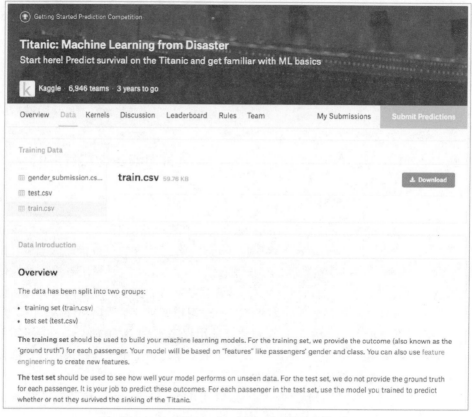

图 11.1　可从 Kaggle 下载训练和测试数据集

使用训练集来训练学习模型，以使用它来进行预测。一旦学习模型得到训练，就使用测试集来预测乘客的生存能力。

因为测试集不包含说明乘客是否幸存的标签，所以不会在这个实验中使用它。相反，只使用训练集来训练和测试模型。

下载训练集，检查它的内容(见图 11.2)。

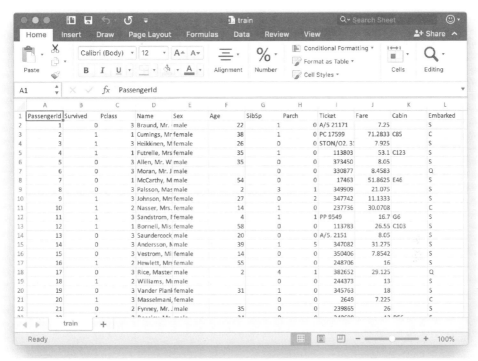

图 11.2　检查 Excel 中的数据

训练集应包括以下字段:

PassengerId: 表示记录行的编号。

Survived: 特定的乘客在沉船中是否幸存下来。这是实验数据集的标签。

Pclass: 乘客持有的客票等级。

Name: 乘客姓名。

Sex: 乘客性别。

Age: 乘客年龄。

SibSp: 泰坦尼克号上的兄弟姐妹/配偶的数量。

Parch: 泰坦尼克号上的父母/孩子的人数。

Ticket: 票号。

Fare: 乘客支付的车费。

Cabin: 旅客的客舱号。

Embarked: 登船地点。注意 C = Cherbourg, Q = Queenstown, S = Southampton。

11.1.2　使用 Microsoft Azure Machine Learning Studio

现在, 准备将数据加载到 MAML 中。使用 Web 浏览器, 导航到 http://studio.

azureml.net，并点击 Sign up here 链接(见图 11.3)。

图 11.3　Azure Machine Learning 新用户可单击 Sign up here 链接

　　如果只想体验 MAML，不想付任何费用，那么选择 Free Workspace 选项并单击 Sign In(见图 11.4)。

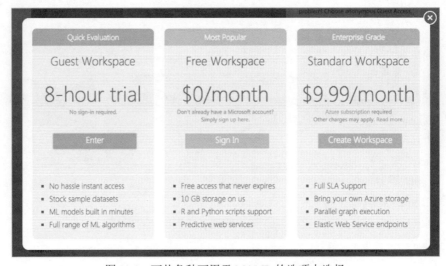

图 11.4　可从各种可用于 MAML 的选项中选择

　　登录后，应该会在页面的左侧看到一个项目列表(见图 11.5)。后面将在这个面板上突出显示一些项。

图 11.5　MAML 的左面板

1．加载数据集

要创建学习模型，需要数据集。本例使用刚刚下载的数据集。

单击位于页面左下角的 NEW 项。选择左边的 DATASET(见图 11.6)，然后单击右边标记为 FROM LOCAL FILE 的项。

图 11.6　将数据集上载到 MAML

单击 Choose File 按钮(见图 11.7)，找到前面下载的训练集。完成后，单击对号按钮将数据集上载到 MAML。

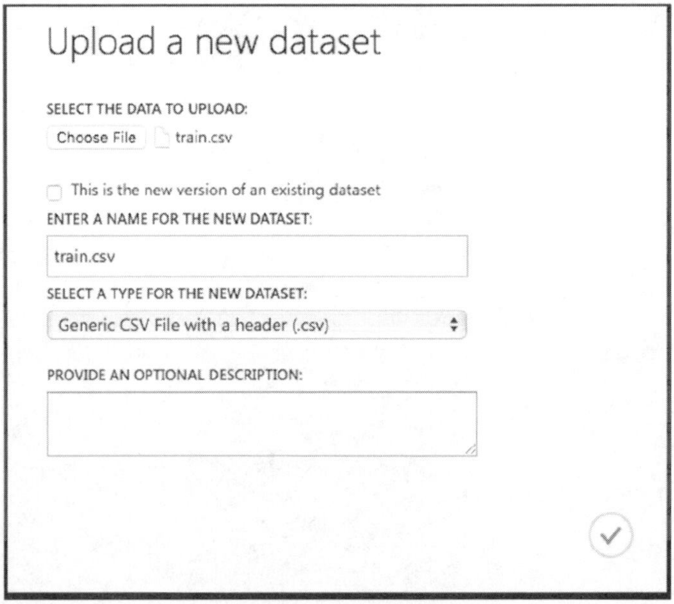

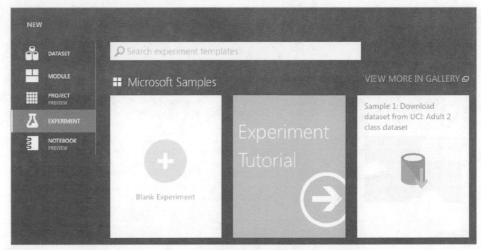

图 11.7　选择要上载为数据集的文件

2. 创建一个实验

现在可以在 MAML 中创建一个实验了。单击页面左下角的 NEW 按钮，并选择 Blank Experiment(见图 11.8)。

图 11.8　在 MAML 中创建一个新的空白实验

现在应该看到画布，如图 11.9 所示。

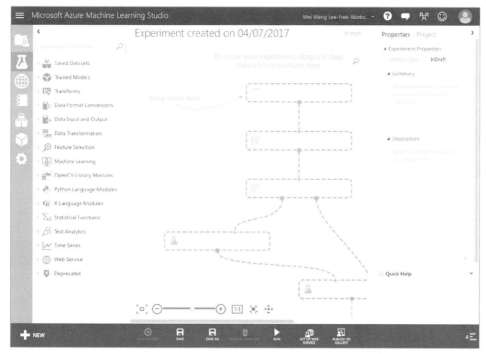

图 11.9 表示实验的画布

可以在顶部的默认实验名称上输入实验名称，并为实验命名(见图 11.10)。

图 11.10 为实验命名

完成之后，将训练数据集添加到画布。为此，可以在左边的搜索框中输入训练集的名称，就会显示匹配的数据集(见图 11.11)。

将 train.csv 数据集拖放到画布上(见图 11.12)。

train.csv 数据集有一个输出端口(由一个圆圈表示，其中有一个 1)。单击它将显示一个上下文菜单(见图 11.13)。

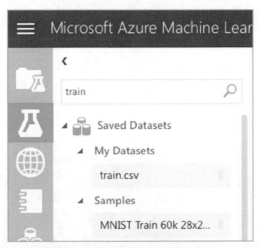

图 11.11　使用加载的数据集

图 11.12　将数据集拖放到画布上

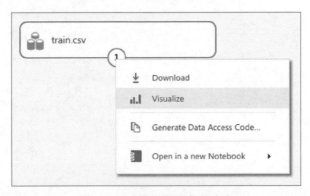

图 11.13　可视化数据集的内容

单击 Visualizations 查看数据集的内容。现在显示数据集，如图 11.14 所示。

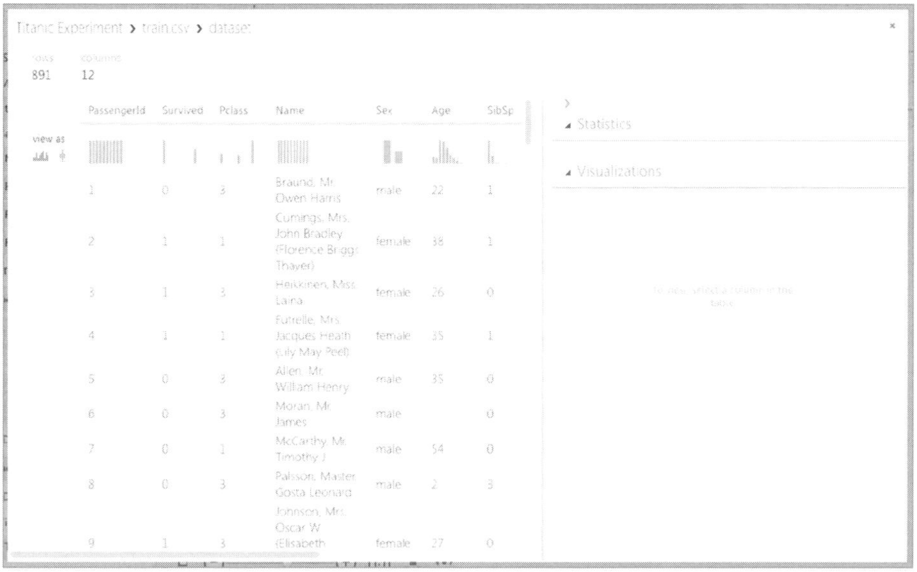

图 11.14 查看数据集

花点时间浏览数据。观察以下数据。

- PassengerId 字段只是一个运行编号，它不提供有关乘客的任何信息。在训练模型时应该丢弃这个字段。
- Ticket 字段包含乘客的客票号。然而，在本例中，这些数字似乎是随机生成的。它在帮助预测乘客的生存能力方面不是很有用，因此应该被丢弃。
- Cabin 字段包含大量缺失数据。有大量缺失数据的字段不能为学习模型提供信息，因此应该丢弃。
- 如果选择 Survived 字段，会看到窗口右下角显示的图表(见图 11.15)。因为乘客要么存活(用 1 表示)，要么死亡(用 0 表示)，所以在两者之间设置任何值都没有意义。但是，由于这个值是用数值表示的，所以除非告诉 MAML，否则 MAML 将无法计算出这个值。要解决这个问题，需要使这个值成为一个分类值。分类值可以取有限的(通常是固定数量的)可能值。
- Pclass、SibSp 和 Parch 字段也应该分类。

图 11.15　查看 Survived 列

所有未被丢弃的字段都有助于创建学习模型。这些字段称为特性。

3. 过滤数据并使字段分类

现在已经确定了想要的特性，下面将 Select Columns in Dataset 模块添加到画布中(见图 11.16)。

在 Properties 窗格中，单击 Launch column selector，并选择列，如图 11.17 所示。

Select Columns in Dataset 模块将数据集缩减为指定的列。接下来，要对一些列进行分类。为此，添加 Edit Metadata 模块，如图 11.18 所示，并将其连接起来。单击 Launch 列选择器按钮，并选择 Survived、Pclass、SibSp 和 Parch 字段。在 Properties 窗格的 Categorical 部分中，选择 Make Categorical。

图 11.16　使用 Select Columns in Dataset 模块过滤列

图 11.17　选择要用作特性的字段

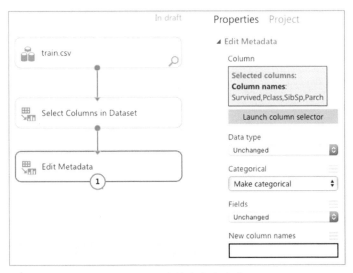

图 11.18　将特定字段分类

现在，可以单击位于 MAML 底部的 Run 按钮来运行实验。运行实验后，单击 Edit Metadata 模块的输出端口，并选择 Visualizations。检查显示的数据集。

4. 删除缺失的数据

如果仔细检查 Edit Metadata 模块返回的数据集，将看到 Age 列有一些缺失的值。最好删除所有缺少值的行，这样，那些缺少的值就不会影响学习模型的效率。为此，将 Clean Missing Data 模块添加到画布并连接它，如图 11.19 所示。在 Properties 窗格中，将 Cleaning mode 设置为 Remove entire row。

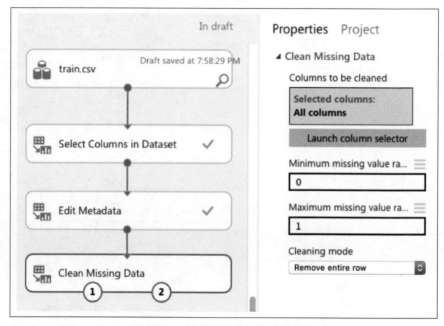

图 11.19　删除 Age 列中缺少值的行

提示：

如果愿意，也可用列的平均值来替换缺失的值。

单击 Run。数据集现在应该没有缺失的值。还要注意，行数已经减少到 712(见图 11.20)。

5. 分解数据用于训练和测试

在构建学习模型时，在训练完成后使用样本数据对其进行测试是非常重要的。如果只有一组数据，可将其分为两部分：一部分用于训练；另一部分用于测试。

这是由 Split Data 模块完成的(见图 11.21)。对于这个例子,将数据集的 80%用于训练,剩下的 20%用于测试。

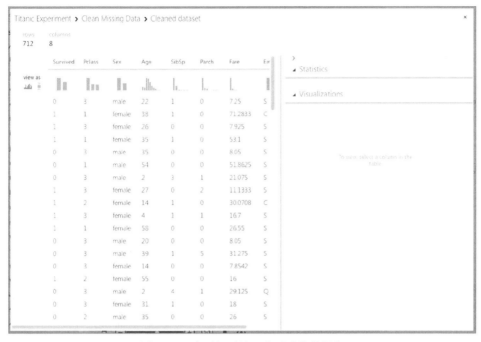

图 11.20 查看经过清理和过滤的数据集

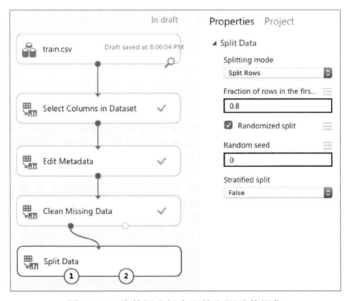

图 11.21 将数据分解为训练和测试数据集

Split Data 模块的左输出端口将返回数据集的 80%，而右输出端口将返回其余的 20%。

11.1.3　训练模型

现在可以创建训练模型了。将 Two-Class Logistic Regression 和 Train Model 模块添加到画布中，并将它们连接起来，如图 11.22 所示。Train Model 模块包含一个学习算法和一个训练数据集。还需要告诉 Train Model 模块，用于训练它的标签是什么。在本例中，它是 Survived 列。

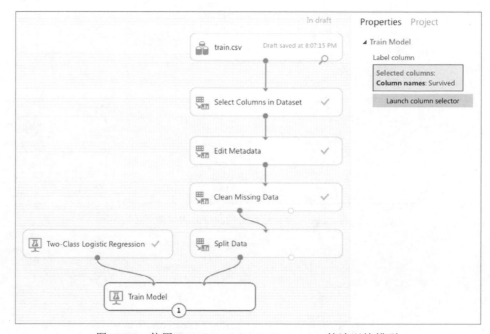

图 11.22　使用 Two-Class Logistic Regression 算法训练模型

一旦对模型进行了训练，验证它的有效性是非常重要的。为此，使用 Score Model 模块，如图 11.23 所示。Score Model 接受一个经过训练的模型(即 Train Model 模块的输出)和一个测试数据集。

现在可以再次运行实验了。单击 Run。完成后，选择 Scored Labels 列(见图 11.24)。本列表示对学习模型应用测试数据集的结果。它旁边的一列 Scored Probabilities 表示预测的置信度。选中 Scored Labels 列后，查看屏幕右侧和图表上方，为名为 compare to 的项选择 Survived。这将绘制混淆矩阵。

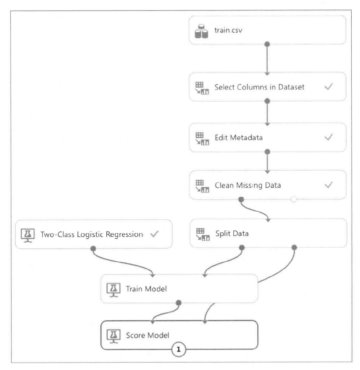

图 11.23 使用测试数据集和经过训练的模型为模型打分

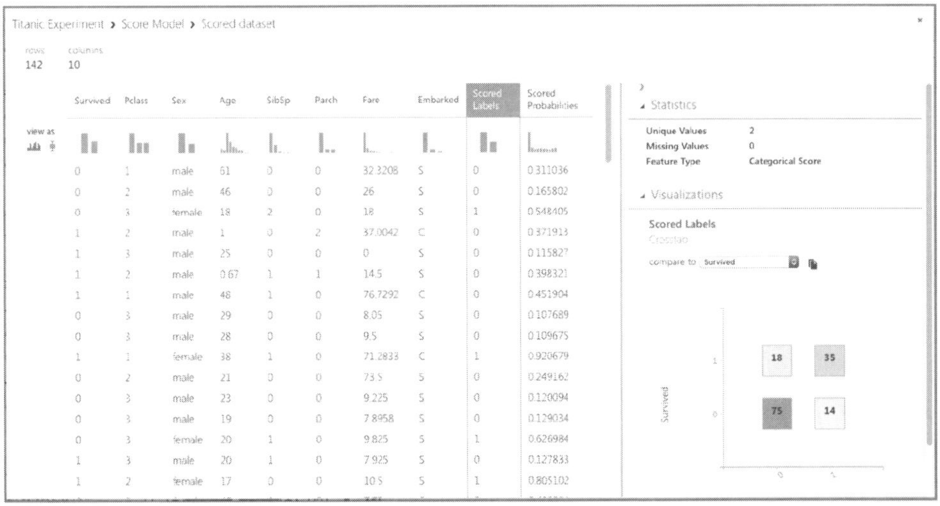

图 11.24 查看学习模型的混淆矩阵

混淆矩阵的 y 轴表示乘客的实际生存信息：1 表示幸存，0 表示未幸存。x 轴表示预测。可以看出，75 人被正确预测不会在灾难中幸存，35 人被正确预测会在灾难中幸存。另外两个框显示的预测是不正确的。

1. 与其他算法比较

虽然预测的数字看起来相当不错，但目前还不能得出结论：为这个问题选择了正确的算法。MAML 为不同类型的问题提供了 25 种机器学习算法。现在使用 MAML 提供的另一种算法 Two-Class Decision Jungle 来训练另一种模型。添加如图 11.25 所示的模块。

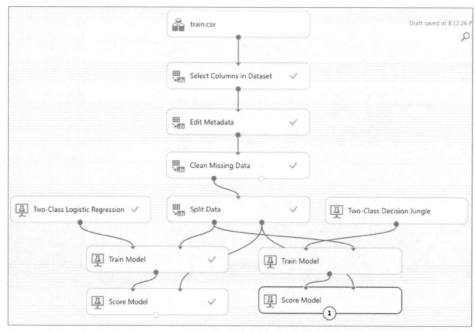

图 11.25　使用另一种算法训练备选模型

提示：
Two-Class Decision Jungle 算法是另一种基于决策树的机器学习算法。对于本实验，还可使用 MAML 提供的其他算法，如 Two-Class Logistic Regression 和 Two-Class Support Vector Machine。

单击 Run。可以像前面的学习模型一样，点击第二个 Score Model 模块的输出端口来查看模型的结果。然而，能够直接比较它们会更有用。为此可以使用 Evaluate Model 模块(见图 11.26)。

单击 Run 运行实验。完成后，单击 Evaluate Model 模块的输出端口，结果如图 11.27 所示。

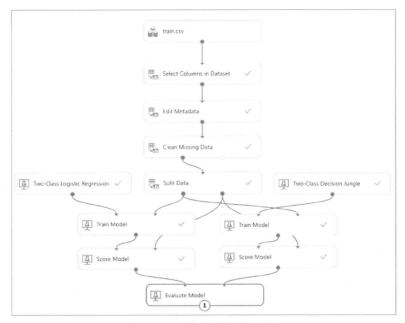

图 11.26 评估两个模型的性能

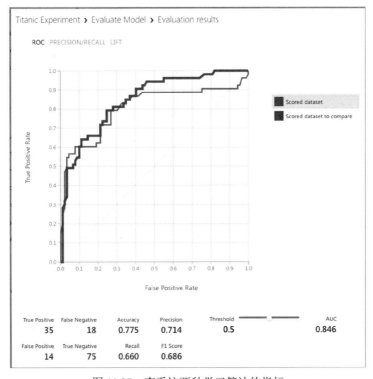

图 11.27 查看这两种学习算法的指标

Evaluate Model 模块左侧输入端口的算法(Two-Class Logistic Regression)和右侧算法(Two-Class Decision Jungle)在界面上用不同颜色表示。单击对应的框时，每个算法的各种指标显示在下面的图表中。

2. 评估机器学习算法

完成了使用两种特定的机器学习算法(Two-Class Logistic Regression 和 Two-Class Decision Jungle)进行的实验，现在后退一步，检查 Evaluate Model 模块生成的各种指标。具体来说，定义以下术语的含义。

真阳性(True Positive，TP)：模型正确预测结果为正。在本例中，TP 的数量表示乘客在灾难中幸存(正)的正确预测数量。

真阴性(True Negative，TN)：模型正确预测结果为负(未存活)；也就是说，乘客被正确地预测不会在灾难中幸存。

假阳性(False Positive，FP)：模型错误地预测结果为正，但实际结果为负。在泰坦尼克号的例子中，这意味着乘客没有在灾难中幸存，但模型预测乘客幸存了下来。

假阴性(False Negative，FN)：模型错误地预测结果为负，但实际结果为正。这种情况下，这意味着模型预测乘客没有在灾难中幸存，但实际上乘客幸存了下来。

这组数字被称为混淆矩阵。在第 7 章中详细讨论了混淆矩阵。如果不熟悉它，一定要阅读第 7 章。

11.1.4 将学习模型作为 Web 服务发布

一旦确定了最有效的机器学习算法，就可将学习模型作为 Web 服务发布。这样做将允许构建自定义应用程序来使用服务。假设构建一个学习模型来帮助医生诊断乳腺癌。以 Web 服务的形式发布，将允许构建应用程序，将各种特性传递给学习模型来做出预测。最重要的是，使用 MAML，不需要处理发布 Web 服务的细节——MAML 会在 Azure 云上托管 Web 服务。

1. 发布实验

将实验作为 Web 服务发布：
选择左边的 Train Model 模块(因为与其他模块相比，它具有更好的性能)。
- 在页面底部，将鼠标悬停在名为 SET UP WEB SERVICE 的项上，点击 Predictive Web Service(Recommended)。

提示：
在这个实验中，最好的算法是 AUC(曲线下面积)得分最高的算法。

这会创建一个新的 Predictive 实验，如图 11.28 所示。

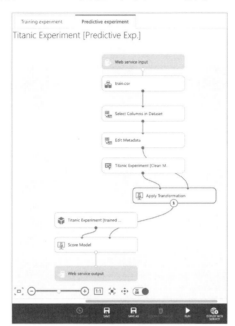

图 11.28　将学习模型作为 Web 服务发布

单击 Run，然后单击 DEPLOY WEB SERVICE。现在将显示图 11.29 所示的页面。

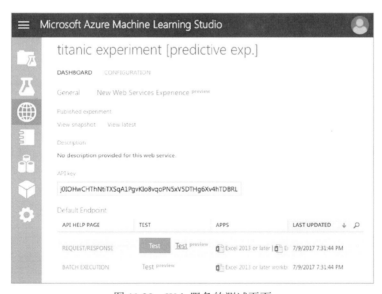

图 11.29　Web 服务的测试页面

2. 测试 Web 服务

单击 Test 超链接，将显示如图 11.30 所示的测试页面。可单击 Enable 按钮，填充训练集中的各个字段。这将省去填写各个字段的麻烦。

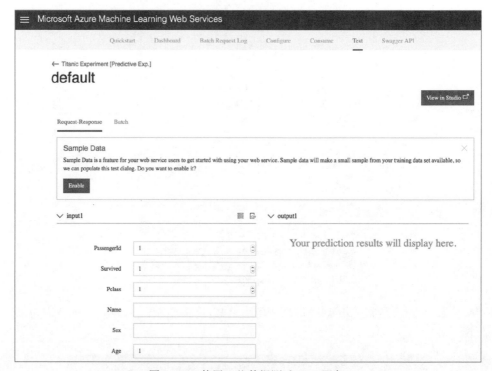

图 11.30 使用一些数据测试 Web 服务

现在应该用训练数据中的值填充字段。在页面底部，单击 Test Request/Response，预测结果将显示在右侧。

3. 以编程方式访问 Web 服务

在测试页面的顶部，应该看到如图 11.31 所示的 Consume 链接，单击它。

图 11.31 Web 服务页面顶部的 Consume 链接

就会显示访问 Web 服务所需的凭证，以及 Web 服务的 URL。在页面的底部，显示了生成的示例代码，可以使用这些代码以编程方式访问 Web 服务(见图

11.32)。示例代码可以在 C#、Python 2、Python 3 和 R 中使用。

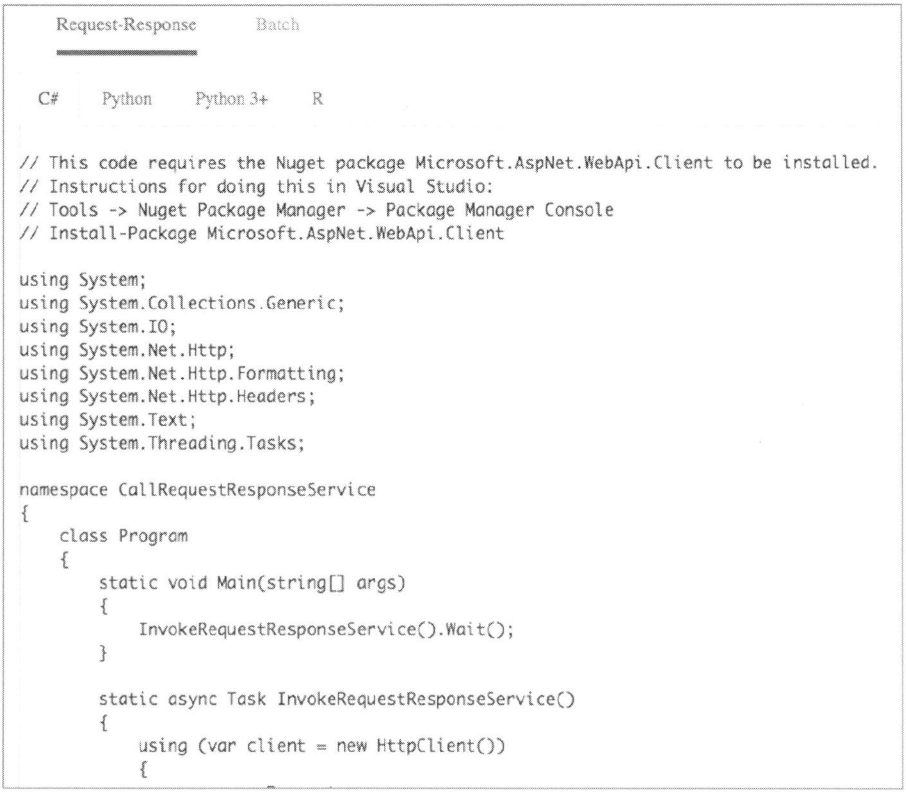

```
Request-Response          Batch


C#      Python     Python 3+      R


// This code requires the Nuget package Microsoft.AspNet.WebApi.Client to be installed.
// Instructions for doing this in Visual Studio:
// Tools -> Nuget Package Manager -> Package Manager Console
// Install-Package Microsoft.AspNet.WebApi.Client

using System;
using System.Collections.Generic;
using System.IO;
using System.Net.Http;
using System.Net.Http.Formatting;
using System.Net.Http.Headers;
using System.Text;
using System.Threading.Tasks;

namespace CallRequestResponseService
{
    class Program
    {
        static void Main(string[] args)
        {
            InvokeRequestResponseService().Wait();
        }

        static async Task InvokeRequestResponseService()
        {
            using (var client = new HttpClient())
            {
```

图 11.32　访问用三种编程语言编写的 Web 服务的示例代码

单击 Python 3+选项卡，复制生成的代码。单击页面右上角的 View in Studio 链接中的 View，返回到 MAML。单击屏幕底部的+NEW 按钮。单击左边的 NOTEBOOK，应能看到各种各样的 NOTEBOOK，如图 11.33 所示。

提示：
由 MAML 托管的笔记本与本地计算机上安装的 Jupyter Notebook 相同。

单击 Python 3，为记事本指定一个名称，并粘贴前面复制的 Python 代码(见图 11.34)。

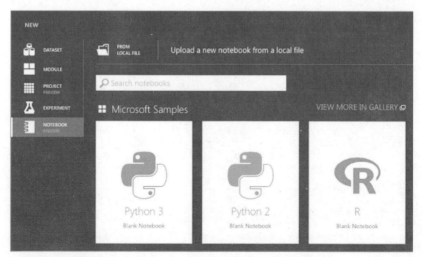

图 11.33　在 MAML 中创建一个新的笔记本

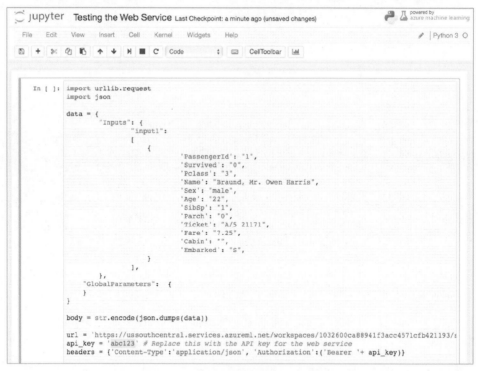

图 11.34　测试 Python 笔记本中的代码

请确保将 api_key 变量的值替换为主键的值。按 Ctrl+Enter 键运行 Python 代码。如果 Web 服务的部署正确，屏幕底部会显示结果(见图 11.35)。

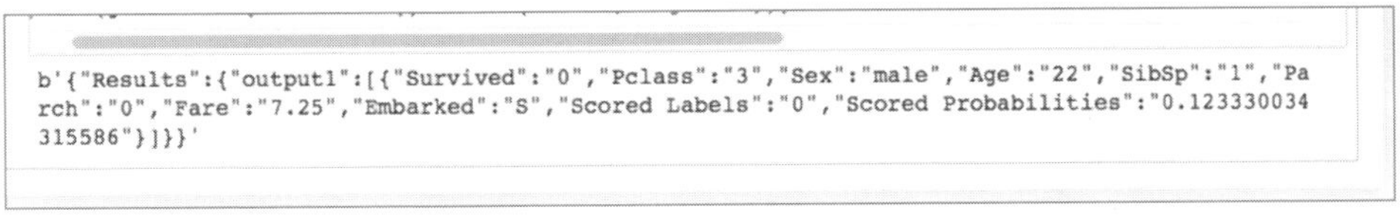

b'{"Results":{"output1":[{"Survived":"0","Pclass":"3","Sex":"male","Age":"22","SibSp":"1","Parch":"0","Fare":"7.25","Embarked":"S","Scored Labels":"0","Scored Probabilities":"0.123330034315586"}]}}'

图 11.35　Web 服务返回的结果

11.2　本章小结

本章介绍了如何使用 MAML 创建机器学习实验。不需要用 Python 编写代码，而可以使用 Microsoft 提供的各种算法，并使用拖放操作直观地构建机器学习模型。这对于那些想要开始机器学习而不想深入研究细节的初学者来说非常有用。最重要的是，MAML 帮助自动地将机器学习部署为 Web 服务，甚至还提供了使用它的代码。

下一章将学习如何通过 Python 和 Flask 微框架，来部署用 Python 和 Scikit-learn 手动创建的机器学习模型。

## 第12章

部署机器学习模型

12.1　部署 ML

机器学习的主要目标是创建一个可用来进行预测的模型。本书的前几章介绍了用于构建理想机器学习模型的各种算法。在整个过程的最后，还需要让用户能够访问模型，以便他们能够利用模型执行有用的任务，如帮助医生诊断以及进行预测等。

部署机器学习模型的一个好方法是构建一个 REST(表述性状态转移，REpresentational State Transfer)API，以便不熟悉机器学习工作原理的其他人可以访问该模型。使用 REST，可构建多平台前端应用程序(如 iOS、Android、Windows 等)，并将数据传递给模型进行处理。然后可以将结果返回给应用程序。图 12.1 总结了用于部署机器学习模型的体系结构。

本章通过一个案例，构建一个机器学习模型，然后将其部署为 REST 服务。最后，使用 Python 构建一个控制台前端应用程序，允许用户进行一些预测。

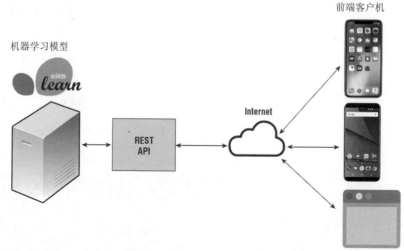

图 12.1 将机器学习模型部署为 REST API，允许前端应用程序使用它进行预测

12.2 案例研究

这个案例将基于对一个人的几个诊断测量值，帮助预测这个人被诊断为糖尿病的可能性。

本章使用的数据集来自数据库：https://www.kaggle.com/uciml/pima-indians-diabets-database。该数据集包含几个独立于医学的预测因子和一个目标。其特征如下。

- Pregnancies：怀孕次数
- Glucose：口服葡萄糖耐受试验 2 小时后的血糖浓度
- BloodPressure：舒张压(mm Hg)
- SkinThickness：肱三头肌皮肤褶皱厚度(mm)
- Insulin：2 小时血清胰岛素(mu U/ml)
- BMI：体重指数(公斤/米^2)
- DiabetesPedigreeFunction：糖尿病谱系功能
- Age：年龄(岁)
- Outcome：0(非糖尿病)或 1(糖尿病)

该数据集有768条记录,所有患者都是至少21岁的女性和皮马印第安人后裔。

12.2.1　加载数据

对于本例，数据集已在本地下载并命名为 diabets.csv。

下面的代码片段加载数据集，并使用 info()函数输出有关 DataFrame 的信息：

```
import numpy as np
import pandas as pd

df = pd.read_csv('diabetes.csv')
df.info()
```

输出如下：

```
<class 'pandas.core.frame.DataFrame'>
RangeIndex: 768 entries, 0 to 767
Data columns (total 9 columns):
Pregnancies                 768 non-null int64
Glucose                     768 non-null int64
BloodPressure               768 non-null int64
SkinThickness               768 non-null int64
Insulin                     768 non-null int64
BMI                         768 non-null float64
DiabetesPedigreeFunction    768 non-null float64
Age                         768 non-null int64
Outcome                     768 non-null int64
dtypes: float64(2), int64(7)
memory usage: 54.1 KB
```

12.2.2　清理数据

与所有数据集一样，第一项工作是清理数据，以确保没有丢失或错误的值。
首先检查数据集中的空值：

```
#---check for null values---
print("Nulls")
print("=====")
print(df.isnull().sum())
```

结果如下：

```
Nulls
=====
Pregnancies               0
Glucose                   0
BloodPressure             0
SkinThickness             0
```

```
Insulin                         0
BMI                             0
DiabetesPedigreeFunction        0
Age                             0
Outcome                         0
dtype: int64
```

没有空值，接着检查 0 值：

```
#---check for 0s---
print("0s")
print("==")
print(df.eq(0).sum())
```

对于 Pregnancies 和 Outcome 等特征，值为 0 是正常的。但对于其他特性，值 0 表示没有在数据集中捕获值。

```
0s
==
Pregnancies                 111
Glucose                       5
BloodPressure                35
SkinThickness               227
Insulin                     374
BMI                          11
DiabetesPedigreeFunction      0
Age                           0
Outcome                     500
dtype: int64
```

对于特性，有很多方法可以处理这种值为 0 的情况，但是为了简单起见，用 NaN 替换 0 值。

```
df[['Glucose','BloodPressure','SkinThickness',
    'Insulin','BMI','DiabetesPedigreeFunction','Age']] = \
    df[['Glucose','BloodPressure','SkinThickness',
        'Insulin','BMI','DiabetesPedigreeFunction','Age']].replace
(0,np.NaN)
```

一旦 NaN 值替换了 DataFrame 中的 0，现在可用每列的平均值替换它们，如下所示：

```
df.fillna(df.mean(), inplace = True) # replace NaN with the mean
```

现在可检查 DataFrame，以验证现在 DataFrame 中没有更多的 0：

```
print(df.eq(0).sum())
```

输出如下：

```
Pregnancies                    111
Glucose                          0
BloodPressure                    0
SkinThickness                    0
Insulin                          0
BMI                              0
DiabetesPedigreeFunction         0
Age                              0
Outcome                        500
dtype: int64
```

12.2.3　检查特征之间的相关性

下一步是研究各种独立的特征如何影响结果(无论患者是否患有糖尿病)。为此，可在 DataFrame 上调用 corr()函数：

```
corr = df.corr()
print(corr)
```

corr()函数的作用是计算列的两两相关。例如，如下输出显示，患者口服葡萄糖耐受试验 2 小时后的血糖水平与患者妊娠次数的关系不大(0.127911)，但与结果有显著关系(0.492928)：

```
              Pregnancies Glucose  BloodPressure  SkinThickness  \
Pregnancies     1.000000  0.127911     0.208522       0.082989
Glucose         0.127911  1.000000     0.218367       0.192991
BloodPressure   0.208522  0.218367     1.000000       0.192816
SkinThickness   0.082989  0.192991     0.192816       1.000000
Insulin         0.056027  0.420157     0.072517       0.158139
BMI             0.021565  0.230941     0.281268       0.542398
DiabetesPedigr
Function       -0.033523  0.137060    -0.002763       0.100966
Age             0.544341  0.266534     0.324595       0.127872
Outcome         0.221898  0.492928     0.166074       0.215299

                 Insulin        BMI   DiabetesPedigreeFunction\

Pregnancies     0.056027   0.021565           -0.033523
Glucose         0.420157   0.230941            0.137060
BloodPressure   0.072517   0.281268           -0.002763
SkinThickness   0.158139   0.542398            0.100966
Insulin         1.000000   0.166586            0.098634
BMI             0.166586   1.000000            0.153400
```

```
DiabetesPedigree
Function             0.098634   0.153400           1.000000

Age                  0.136734   0.025519   0.033561

Outcome              0.214411   0.311924   0.173844
                          Age         Outcome
Pregnancies          0.544341    0.221898
Glucose              0.266534    0.492928
BloodPressure        0.324595    0.166074
SkinThickness        0.127872    0.215299
Insulin              0.136734    0.214411
BMI                  0.025519    0.311924
DiabetesPedigree
Function             0.033561    0.173844
Age                  1.000000    0.238356
Outcome              0.238356    1.000000
```

这里的目标是找出哪些特性会显著影响结果。

12.2.4 绘制特征之间的相关性

与其查看表示列之间各种关联的各种数字，还不如直观地绘制这些数字。下面的代码片段使用 matshow()函数将 corr()函数返回的结果绘制为矩阵。同时，各相关因子也显示在矩阵中：

```
%matplotlib inline
import matplotlib.pyplot as plt

fig, ax = plt.subplots(figsize=(10, 10))
cax      = ax.matshow(corr,cmap='coolwarm', vmin=-1, vmax=1)

fig.colorbar(cax)
ticks = np.arange(0,len(df.columns),1)
ax.set_xticks(ticks)

ax.set_xticklabels(df.columns)
plt.xticks(rotation = 90)

ax.set_yticklabels(df.columns)
ax.set_yticks(ticks)

#---print the correlation factor---
```

```
for i in range(df.shape[1]):
    for j in range(9):
        text = ax.text(j, i, round(corr.iloc[i][j],2),
                       ha="center", va="center", color="w")
plt.show()
```

图 12.2 显示了这个矩阵的黑白图。在软件界面中可以看到，颜色最接近红色的立方体的相关系数最高，而最接近蓝色的立方体的相关系数最低。

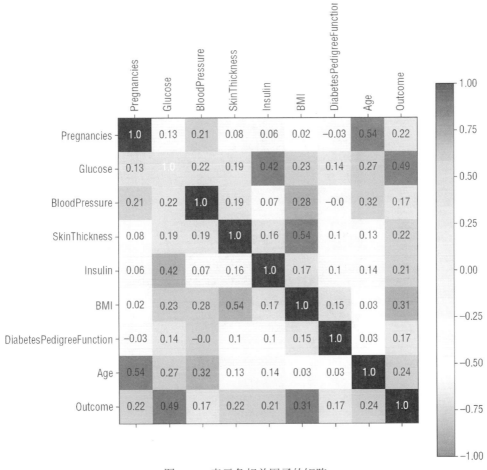

图 12.2　表示各相关因子的矩阵

要绘制关联矩阵，另一种方式是使用 Seaborn 的 heatmap()函数。

```
import seaborn as sns
```

```
sns.heatmap(df.corr(),annot=True)
```

```
#---get a reference to the current figure and set its size---
fig = plt.gcf()
fig.set_size_inches(8,8)
```

图 12.3 显示了由 Seaborn 生成的热图。

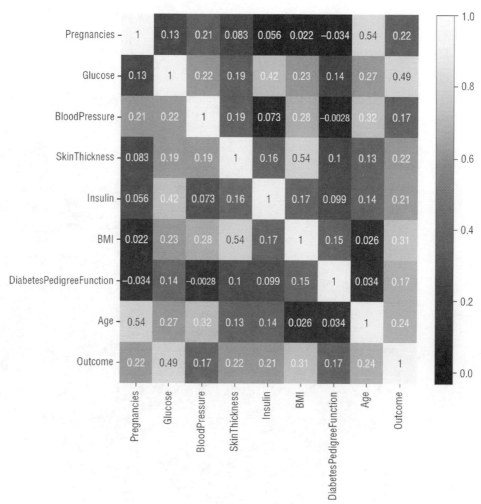

图 12.3　Seaborn 生成的热图，显示相关因素

现在打印出与 Outcome 相关性最高的四个特性。

```
#---get the top four features that has the highest correlation---
print(df.corr().nlargest(4, 'Outcome').index)
#---print the top 4 correlation values---
print(df.corr().nlargest(4, 'Outcome').values[:,8])
```

输出如下：

```
Index(['Outcome', 'Glucose', 'BMI', 'Age'], dtype='object')
[1. 0.49292767 0.31192439 0.23835598]
```

现在可以看到，除了 Outcome 特征，三个最重要的影响因素是 Glucose、BMI
和 Age。可以使用这三个特性来训练模型。

12.2.5　评估算法

在训练模型之前，最好先评估一些算法，以找到性能最好的算法。因此，这
里尝试如下算法：
- 逻辑回归
- k 近邻(kNN)
- 支持向量机(SVM)——线性和 RBF 内核

1. 逻辑回归

对于第一个算法，使用逻辑回归。这里不将数据集分割成训练集和测试集，
而是使用 10 倍交叉验证得到所用算法的平均分：

```
from sklearn import linear_model
from sklearn.model_selection import cross_val_score

#---features---
X = df[['Glucose','BMI','Age']]

#---label---
y = df.iloc[:,8]

log_regress = linear_model.LogisticRegression()
log_regress_score = cross_val_score(log_regress, X, y, cv=10,
scoring='accuracy').mean()

print(log_regress_score)
```

模型的训练结果平均分为 0.7617737525632263。
还把这个结果保存到一个列表中，以便使用它比较其他算法的得分：

```
result = []
result.append(log_regress_score)
```

2. 近邻

下一个算法是 k 近邻(kNN)。除了使用 10 倍交叉验证得到算法的平均分外，还需要尝试 k 的各个值来得到最优的 k，从而得到最优的准确性。

```python
from sklearn.neighbors import KNeighborsClassifier

#---empty list that will hold cv (cross-validates) scores---
cv_scores = []

#---number of folds---
folds = 10

#---creating odd list of K for KNN---
ks = list(range(1,int(len(X) * ((folds - 1)/folds)), 2))

#---perform k-fold cross validation---
for k in ks:
    knn = KNeighborsClassifier(n_neighbors=k)
    score = cross_val_score(knn, X, y, cv=folds,
        scoring='accuracy').mean()
    cv_scores.append(score)

#---get the maximum score---
knn_score = max(cv_scores)

#---find the optimal k that gives the highest score---
optimal_k = ks[cv_scores.index(knn_score)]

print(f"The optimal number of neighbors is {optimal_k}")
print(knn_score)
result.append(knn_score)
```

结果如下：

```
The optimal number of neighbors is 19
0.7721462747778537
```

3. 支持向量机

下一个算法是支持向量机(SVM)。我们将使用 SVM 的两类内核：线性和 RBF。下面的代码片段使用线性内核。

```python
from sklearn import svm

linear_svm = svm.SVC(kernel='linear')
```

```
linear_svm_score = cross_val_score(linear_svm, X, y,
                            cv=10, scoring='accuracy').mean()
print(linear_svm_score)
result.append(linear_svm_score)
```

准确性如下:

```
0.7656527682843473
```

下一个代码片段使用 RBF 内核:

```
rbf = svm.SVC(kernel='rbf')
rbf_score = cross_val_score(rbf, X, y, cv=10, scoring='accuracy').mean()
print(rbf_score)
result.append(rbf_score)
```

准确性如下:

```
0.6353725222146275
```

4. 选择最佳执行算法

前面评估了四种不同的算法,可选择性能最好的一个:

```
algorithms = ["Logistic Regression", "K Nearest Neighbors", "SVM Linear
Kernel", "SVM RBF Kernel"]
cv_mean = pd.DataFrame(result,index = algorithms)
cv_mean.columns=["Accuracy"]
cv_mean.sort_values(by="Accuracy",ascending=False)
```

图 12.4 显示了前面代码片段的输出。

	准确性
k 近邻	0.772146
SVM 线性内核	0.765653
逻辑回归	0.761774
SVM RBF 内核	0.635373

图 12.4 对各种算法的性能进行排序

12.2.6 训练并保存模型

由于数据集的最佳执行算法是 k = 19 的 kNN,因此下面可继续使用整个数据集来训练模型。

```
knn = KNeighborsClassifier(n_neighbors=19)
knn.fit(X, y)
```

一旦模型训练好，就需要把它保存到磁盘，以便以后检索模型，进行预测。

```
import pickle

#---save the model to disk---
filename = 'diabetes.sav'

#---write to the file using write and binary mode---
pickle.dump(knn, open(filename, 'wb'))
```

经过训练的模型现在保存到一个名为 diabets .sav 的文件中。加载它，以确保它正确保存：

```
#---load the model from disk---
loaded_model = pickle.load(open(filename, 'rb'))
```

一旦模型加载完毕，就进行一些预测：

```
Glucose = 65
BMI = 70
Age = 50

prediction = loaded_model.predict([[Glucose, BMI, Age]])
print(prediction)
if (prediction[0]==0):
    print("Non-diabetic")
else:
    print("Diabetic")
```

如果预测的返回值为 0，则输出单词 Non-Diabetic；否则输出 Diabetic。输出如下：

```
[0]
Non-diabetic
```

我们也想知道预测的概率，所以得到概率，并把它们转换成百分比：

```
proba = loaded_model.predict_proba([[Glucose, BMI, Age]]) print(proba)
print("Confidence: " + str(round(np.amax(proba[0]) * 100 ,2)) + "%")
```

结果如下：

```
[[0.94736842 0.05263158]]
Confidence: 94.74%
```

输出的概率表示结果为 0 的概率，以及结果为 1 的概率。预测是基于概率最高的那个，我们用那个概率把它转换成置信百分比。

12.3　部署模型

现在可以将机器学习模型部署为 REST API 了。但首先要安装 Flask 微框架。

提示：

Flask 是 Python 的一个微型框架，允许构建基于 Web 的应用程序。Python 中的微型框架对外部库几乎没有依赖关系，因此量级非常轻。Flask 对于开发 REST API 特别有用。有关 Flask 的更多信息，请查看其文档 http://flask.pocoo.org/docs/1.0/。

在终端或命令提示符中键入以下命令来安装 Flask：

```
$ pip install flask
```

安装 Flask 后，创建一个名为 REST_api.py 的文本文件，然后输入以下代码片段：

```
import pickle
from flask import Flask, request, json, jsonify
import numpy as np

app = Flask(__name__)

#---the filename of the saved model---
filename = 'diabetes.sav'

#---load the saved model---
loaded_model = pickle.load(open(filename, 'rb'))

@app.route('/diabetes/v1/predict', methods=['POST'])
def predict():
    #---get the features to predict---
    features = request.json

    #---create the features list for prediction---
    features_list = [features["Glucose"],
                     features["BMI"],
                     features["Age"]]

    #---get the prediction class---
```

```
    prediction = loaded_model.predict([features_list])

    #---get the prediction probabilities---
    confidence = loaded_model.predict_proba([features_list])

    #---formulate the response to return to client---
    response = {}
    response['prediction'] = int(prediction[0])
    response['confidence'] = str(round(np.amax(confidence[0]) *
100 ,2))

    return jsonify(response)

if __name__ == '__main__':
    app.run(host='0.0.0.0', port=5000)
```

上述代码片段完成以下工作:

- 使用 route 修饰符创建路由/diabetes/v1/predict。
- 可以通过 POST 谓词访问路由。
- 为了做出预测,用户调用这条路由,并使用 JSON 字符串传入各种特性。
- 预测结果以 JSON 字符串的形式返回。

注意:
Python 中的修饰符是一个函数, 它封装和替换另一个函数。

测试模型

要测试 REST API,请在终端输入以下命令并运行:

```
$ python REST_API.py
```

输出如下:

```
* Serving Flask app "REST_API" (lazy loading)
 * Environment: production
   WARNING: Do not use the development server in a production
   environment.
    Use a production WSGI server instead.
 * Debug mode: off
 * Running on http://0.0.0.0:5000/ (Press CTRL+C to quit)
```

这表明服务在端口 5000 上启动并监听。

测试 API 最简单的方法是在一个单独的终端或命令提示窗口中使用 curl 命令 (默认在 macOS 上安装):

```
$ curl -H "Content-type: application/json" -X POST
http://127.0.0.1:5000/diabetes/v1/predict
-d '{"BMI":30, "Age":29,"Glucose":100 }'
```

前面的命令设置 JSON 头，并使用 POST 谓词连接到端口 5000 上监听的 REST API。用于预测的特性及其值作为 JSON 字符串发送。

提示：

对于 Windows 用户，curl 命令不能识别单引号。必须使用双引号并关闭 JSON 字符串中双引号的特殊含义:"{\"BMI\":30, \"Age\":29, \"Glucose\":100}"。

当 REST API 接收到发送给它的数据时，它就使用该数据执行预测。返回的预测结果如下：

```
{"confidence":"78.95","prediction":0}
```

结果表明，根据发送给它的数据，这个人不太可能患有糖尿病(78.95%的置信度)。

继续尝试其他一些值，如下所示：

```
$ curl -H "Content-type: application/json" -X POST
http://127.0.0.1:5000/diabetes/v1/predict
-d '{"BMI":65, "Age":29,"Glucose":150 }'
```

这一次，预测显示这个人很可能患有糖尿病，置信度是 68.42%：

```
{"confidence":"68.42","prediction":1}
```

12.4　创建客户机应用程序来使用模型

一旦 REST API 启动并运行，测试它能正常工作，就可以构建服务的客户端了。由于本书围绕 Python 展开，所以使用 Python 构建客户端是合适的。显然，在现实生活中，最有可能为 iOS、Android、macOS 和 Windows 平台构建客户端。

Python 客户端非常简单——编写要发送到服务的 JSON 字符串，用 JSON 返回结果，然后检索结果的详细信息：

```
import json
import requests

def predict_diabetes(BMI, Age, Glucose):
    url = 'http://127.0.0.1:5000/diabetes/v1/predict'
    data = {"BMI":BMI, "Age":Age, "Glucose":Glucose}
```

```
    data_json = json.dumps(data)
    headers = {'Content-type':'application/json'}
    response = requests.post(url, data=data_json, headers=headers)
    result = json.loads(response.text)
    return result

if __name__ == "__main__":
    predictions = predict_diabetes(30,40,100)
    print("Diabetic" if predictions["prediction"] == 1 else "Not
Diabetic")
    print("Confidence: " + predictions["confidence"] + "%")
```

在 Jupyter Notebook 上运行这个程序会得到以下结果：

```
Not Diabetic
Confidence: 68.42%
```

将前面的代码片段保存到一个文件中，并添加代码，以允许用户输入 BMI、Age 和 Glucose 的各种值。将以下代码片段保存在名为 Predict_diabets.py 的文件中。

```
import json
import requests

def predict_diabetes(BMI, Age, Glucose):
    url = 'http://127.0.0.1:5000/diabetes/v1/predict'
    data = {"BMI":BMI, "Age":Age, "Glucose":Glucose}
    data_json = json.dumps(data)
    headers = {'Content-type':'application/json'}
    response = requests.post(url, data=data_json, headers=headers)
    result = json.loads(response.text)
    return result

if __name__ == "__main__":
    BMI = input( ' BMI? ' )
    Age = input( ' Age? ' )
    Glucose = input( ' Glucose? ' )
    predictions = predict_diabetes(BMI , Age , Glucose )
    print("Diabetic" if predictions["prediction"] == 1 else "Not
Diabetic")
    print("Confidence: " + predictions["confidence"] + "%")
```

现在可在终端运行应用程序：

```
$ python Predict_Diabetes.py
```

现在可以输入值：

```
BMI? 55
Age? 29
Glucose?120
```

结果如下：

```
Not Diabetic
Confidence: 52.63%
```

12.5　本章小结

最后一章讨论了如何使用 Flask 微框架部署机器学习模型。还讲述了如何查看各种特性之间的关联，然后只使用最有用的特性来训练模型。评估几种机器学习算法并选择性能最佳的算法总是有用的，这样就可为特定的数据集选择正确的算法。

希望本书提供了很好的机器学习的概述，并激励读者继续学习。前面提到，本书是对机器学习的一个介绍，为了便于理解，故意省略了一些细节。尽管如此，如果尝试了每一章的所有练习，现在你应该已经很好地掌握了机器学习的基础知识！